城乡建设发展系列

·本专著由国家自然科学基金项目资助（项目编号：42104087）

# 径向基函数在重力场建模及数据融合中的应用研究

马志伟◎著

APPLICATION OF RADIAL BASIS FUNCTION IN GRAVITY FIELD MODELING AND DATA FUSION

中国经济出版社
CHINA ECONOMIC PUBLISHING HOUSE
北 京

**图书在版编目(CIP)数据**

径向基函数在重力场建模及数据融合中的应用研究／马志伟著．--北京：中国经济出版社，2023.9

ISBN 978-7-5136-7419-5

Ⅰ．①径… Ⅱ．①马… Ⅲ．①地球重力场-研究 Ⅳ．①P312.1

**中国国家版本馆 CIP 数据核字(2023)第 153350 号**

策划编辑　叶亲忠
责任编辑　罗　茜
责任印制　马小宾
封面设计　华子设计

**出版发行**　中国经济出版社
**印 刷 者**　北京富泰印刷有限责任公司
**经 销 者**　各地新华书店
**开　　本**　710mm×1000mm　1/16
**印　　张**　12
**字　　数**　182 千字
**版　　次**　2023 年 9 月第 1 版
**印　　次**　2023 年 9 月第 1 次
**定　　价**　88.00 元
**广告经营许可证**　京西工商广字第 8179 号

**中国经济出版社**　**网址** www.economyph.com　**社址** 北京市东城区安定门外大街 58 号　**邮编** 100011
本版图书如存在印装质量问题，请与本社销售中心联系调换(联系电话：010-57512564)

**版权所有　盗版必究**(举报电话：010-57512600)
**国家版权局反盗版举报中心**(举报电话：12390)　　服务热线：010-57512564

# 前言
# PREFACE

地球重力场是地球科学的一项重要物理特征，它可以反映地球内部物质的运动、分布及变化状态，并制约地球本身及其邻近空间的一切物理事件。大地测量学是对地球进行测量和描述的学科，一切大地测量工作都受到地球重力场的影响和制约，所以地球重力场模型的研究始终是大地测量学科研究的热点问题和核心问题，也是现代大地测量最活跃的领域之一。不仅如此，地球物理学、地球动力学、地质学和海洋学等相关学科的发展均迫切需要更加精密的地球重力场模型的支持，因此，研究地球重力场也是地球科学的一项基础性研究任务。

径向基函数是近二十年新兴的重力场模型建模函数，因其良好的空间局部化和频域局部化特性，在融合多源重力数据和构建局部高精度大地水准面方面得到了长足发展。另外，径向基函数与球谐函数之间还存在转换关系，这也增加了径向基函数的使用便利性。借助球面径向基函数和现代的GPS/水准数据，传统耗时、费力的几何水准测量工作可被取代，大地水准面模型的精度能不断得到精化。2021年10月，笔者承担了国家自然基金委的国家自然科学基金项目，该项目的目的就是利用径向基函数，通过融合多源重力数据，进而构建高精度、高分辨率的局部地球重力场模型。经过近两年的努力，该项研究取得了部分新的突破和进展，并被成功应用到陆地、海洋及陆海交界区大地水准面的精化中。另外，我们在研究中，除不断了解国内外有关地球重力场的资料外，也获得了一些具有创新意义的研究成果。这为我们编著这本书提供了基础资料，供同行交流。

本书不仅是项目的研究总结或报告，而且是将我们所了解的国内外基于径向基函数研究地球重力场模型和大地水准面的一些重要理论、技术和方法，结合本书的部分研究实践和成果，做较为全面且系统的阐述、分析与评价，并且尽可能依据笔者博士阶段的研究实践加以详述，以期和同行做进一步探讨。

参与本项目研究的还有刘子墨、张佳一、曹玉婷、杨卓、孟思羽、成柯颖等同学。

由于各方面原因，本书定有疏漏和不当之处，恳请读者批评指正。

笔　者

2023 年 3 月于郑州

# 目 录
CONTENTS

# 1 绪 论

## 1.1 研究的背景和意义

地球重力场作为大地测量学领域一个重要的物理量，对研究地球形状及其内部构造有重要意义。地球重力场是地球系统质量空间分布的综合反映，提供地球表面及其外部空间一切运动物体力学行为的先验约束，决定着地球的物理形状以及外部空间的物质运动状态，因此历来是大地测量学研究的核心问题和热点问题(宁津生，2001)。

确定地球重力场，主要是建立重力场模型和确定大地水准面，特别是确定区域性高分辨率和高精度的大地水准面模型(李建成等，2003)。大地水准面作为一个最接近平均海平面的重力等位面，是正高的起算基准面。一方面，高精度的大地水准面为确定地球几何形状提供了重要保障，借助于精确的大地水准面信息，GPS(全球定位系统)椭球高便能转化为正高，在一定程度上取代传统耗时、费力的水准测量方法；另一方面，大地水准面的分布及其变化与地球内部物质的密度异常密切相关。大地水准面的长波信息主要反映地球深部或下地幔的密度异常分布；而中短波信息与岩石圈内部负荷及地形有很强的相关性。密度异常对大地水准面起伏造成的影响如图 1-1 所示。

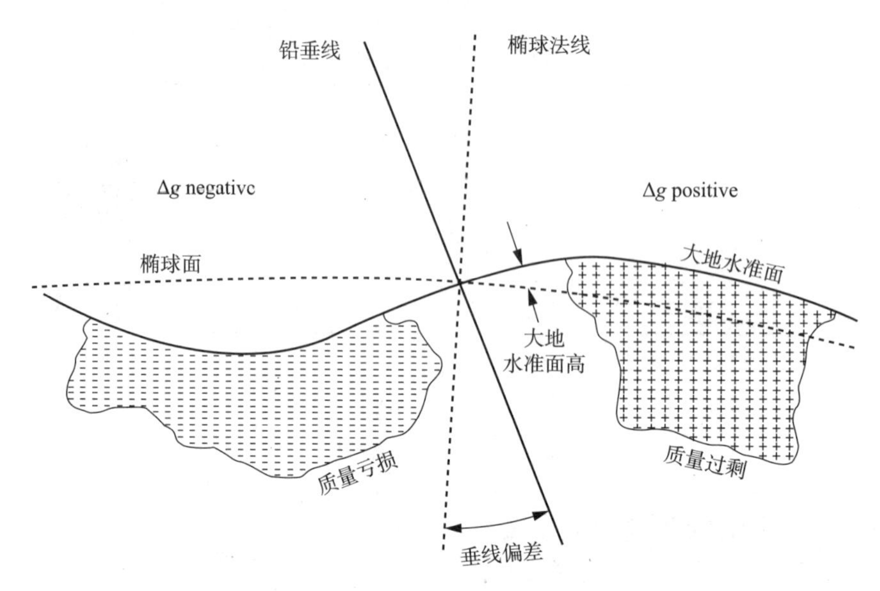


**图 1-1　密度异常对大地水准面起伏造成的影响**

从图 1-1 可以看到，在质量过剩的区域，大地水准面在椭球面之上，对应的重力异常为正值；而在质量亏损的区域，大地水准面在椭球面之下，对应的重力异常为负值。除此之外，大地水准面还可用于研究岩石圈的热演化过程和弹性厚度、地幔对流、造山运动、火山热点、大洋中脊等地球动力学问题（见图 1-2）。因此，精确的大地水准面信息对地球物理学、大地构造学等地球相关学科的研究具有十分重要的意义。

近几十年，空间观测技术和地面观测手段都得到了显著改善，地球局部地区累积了越来越多的重力观测数据，如地面重力数据、卫星重力数据、航空重力数据和测高重力数据等，重力场数据的观测精度和分辨率都得到了前所未有的提高。但是，随着固体地球物理学、海洋学和冰川学等地球相关学科研究的不断深入，对重力场数据的观测精度和分辨率的需求也达到了新的高度，重力场模型的发展依然相对滞后。

目前，国际上公认的地球重力场模型 EGM2008 和 EIGEN-6C 的大地水准面整体精度仅为±24cm（与 GPS/水准比较）；世界各国单独构建的大地水准面模型，即使是欧美等发达国家，在复杂地区的精度也在±5cm 之外。

上述这些情况不仅难以满足现代大地测量厘米级的大地水准面精度要求，也与地球相关学科对重力场模型精度和分辨率的需求相去甚远(见表1-1)。因此，如何充分有效地融合各类重力数据，弥补彼此间的不足，构建高于2000阶、大地水准面精度优于1cm和重力异常精度优于1mGal的地球重力场模型的任务依然艰巨。

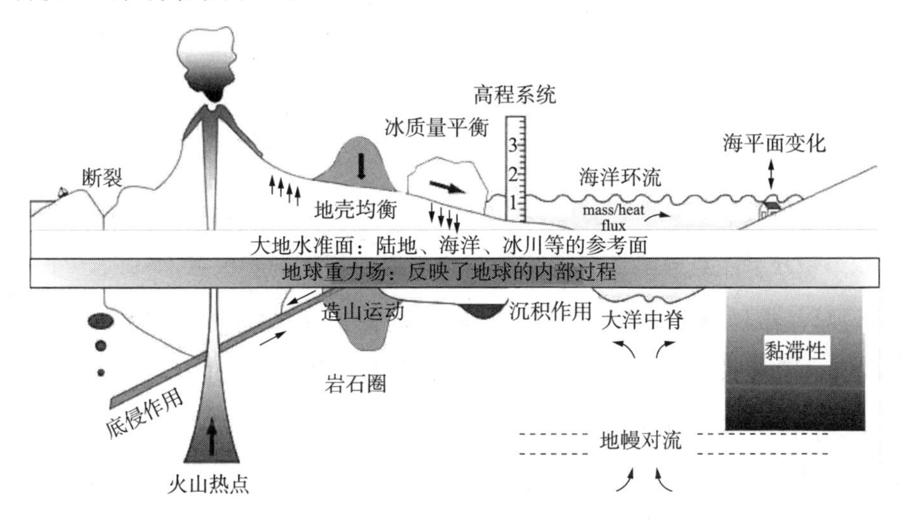


图1-2 地球重力场与地球相关学科之间的关联

表1-1 地球相关学科对重力场模型精度及分辨率的需求

| 应用对象 | | 精度 | | 空间分辨率(半波长：km) |
|---|---|---|---|---|
| | | 大地水准面(cm) | 重力异常(mGal) | |
| 固体地球物理学 | 上地幔密度结构 | | 1~2 | 10 |
| | 陆地岩石圈 | | 1~2 | 20~500 |
| | 地震灾害 | | 1 | 10 |
| | 海底岩石圈及软流圈相互作用 | | 0.5~1 | 100~200 |
| 海洋学 | 短尺度 | 1~2 | 1~5 | 10 |
| | 海盆尺度 | 0.1 | | 10 |
| | 海平面变化 | 0.1~1 | | 20~100 |
| 冰川学 | 岩床 | | 1~5 | 50~100 |
| | 垂直运动 | 2 | | 100~1000 |

资料来源：部分数据来自ESA，1999。

地球重力场模型通常用球谐函数进行表达，如 EGM2008 和 EIGEN-6C 等，但由于大气、海洋潮汐等背景场以及球谐函数本身固有特性的影响，球谐函数重力场模型的精度仍有较大的提升空间。一方面，球谐系数的解算需要全球范围足够均匀的重力观测值，以便进行数值积分(调和分析法)，实际上，上述条件很难满足，因此必须对原始数据进行格网化，但在格网化的同时会引入插值误差。另一方面，球谐函数难以顾及重力场信号分布的不均匀性，进而会造成局部有用信号的严重浪费。例如，若要恢复复杂地区的重力场信号(高山、陆海交界区等)，则必须采用高阶或超高阶球谐函数建模，这不仅会导致平滑信号区域的过度参数化，大量的球谐函数系数还会给计算机性能带来严峻的挑战；相反，若仅考虑稀缺区和平坦区域(这些区域的重力场模型阶次无须太高)，虽然不会出现过度参数化和数值不稳定现象，但复杂地区的高频信号将不能恢复。

实际上，造成球谐函数重力场模型劣势的原因是其全局紧支撑特性，或者说其缺乏空间“局部化”特性。这里的“局部化”，指的是一个函数在某特定的域(空域或频域)内非零范围的大小，范围越小，该函数的局部化特性越好(Eicker，2008)。Heisenberg 的不确定性理论指出，一个函数可以同时拥有频率局部化特性和空间局部化特性，但两种局部化特性不可能同时达到最优化效果，即一个函数的空间局部化特性越好，其频率局部化特性必然越差；反之亦然。图 1-3 清晰地展示了函数局部化特性的变化规律。

从图 1-3 可以看到，球谐函数具有最佳的频率局部化特性，每个固定的阶次都有一个单一的频率与之对应，但是不具备任何的空间局部化特性，即任意一个球谐函数在球面上的几乎所有区域都不等于零。因此，球谐函数又被称为“全局支撑函数”，即任何一个球谐系数的改变都会导致整个重力场发生变化；反之，局部地区任何重力场变化也会影响整套的球谐函数系数。所以，虽然球谐函数在构建全球重力场方面取得了非常丰硕的成果，但在局部重力场的表示方面，显得无能为力。

与球谐函数对应的另一个极端是狄拉克(Dirac)函数(见图 1-3)，它的特点是只有一个球面点值不为零，因而具有最好的空间局部化特性，但也失去了频率局部化特性。

径向基函数是球谐函数和 Dirac 函数的折中(见图 1-3)，兼具优良的空间局部化特性和频率局部化特性，近年来在模型化局部重力场方面受到越来越多的青睐。一般地，径向基函数分为带限与非带限两种类型，非带限型径向基函数可以用闭合公式表达，空间局部化特性显著，但不如带限型径向基函数在表示观测数据时那样灵活。利用径向基函数的球面展开，可将重力场信号表达为多个依赖频率的细节信号，进而逼近局部大地水准面。径向基函数还能顾及观测数据不同的频谱特性、空间分布和精度差异，非常适合融合多种类型的重力观测数据共同建模。径向基函数的数量由建模区域和观测数据的分布等因素共同决定，不过数量一般不会太大，这使得径向基函数较球谐函数在数值计算方面存在优势。此外，径向基函数系数与球谐系数还可以互相转换，现有的球谐分析工具仍然可以继续使用。总之，径向基函数方法在融合多源重力数据、构建高精度高分辨率重力场模型方面有巨大的发展潜力，因此本书重点挖掘其在上述两个方面的能力。

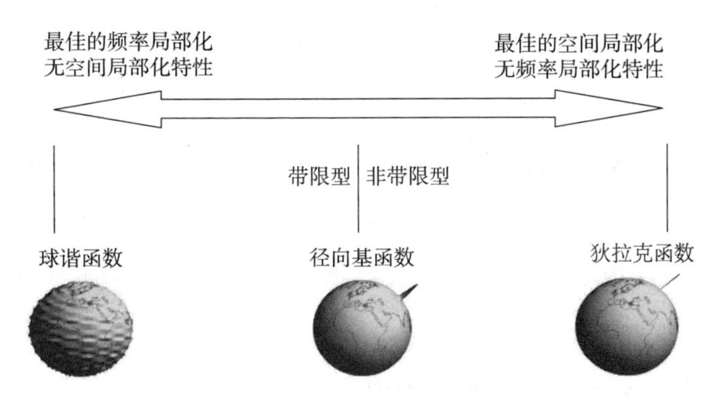


**图 1-3 函数局部化特性的变化规律**

资料来源：Freeden，1999。

## 1.2 地球重力场模型研究进展

1956 年，苏联利用 26000 个地面重力观测值，通过球谐分析，确定了世界上第一个 8 阶次的地球重力场模型。之后，地球重力场模型的研究得到了迅猛发展。

20 世纪 70 年代至 90 年代，美国国家航空航天局（National Aeronautics and Space Administration，NASA）、俄亥俄州立大学（The Ohio State University，OSU）、法国宇航中心和德国慕尼黑工业大学等分别推出了 GEM 系列、OSU 系列和 GRIM 系列的地球重力场模型，其中，OSU91A（Rapp et al.，1991）是在 GEMT2 的基础上，综合卫星测高数据和地面重力数据以及地形信息构建的 360 阶地球重力场模型。该模型的大地水准面精度在海面上约为±20cm、陆地上约为±46cm，但是在缺乏地面重力数据的地方误差要大得多。OSU91A 是当时 360 阶地球重力场模型的典型代表，为后续高阶地球重力场模型的构建奠定了基础。

20 世纪 90 年代以后，为了对 T/P 卫星进行精密定轨，美国与法国开始联合研制 JGM（Joint Gravity Model）系列地球重力场模型。其中，JGM1 是综合利用 30 多颗 SLR 卫星跟踪数据、卫星测高数据和地面重力数据构建的 70 阶次的地球重力场模型；JGM2 在 JGM1 的基础上，又增加了 T/P 和 DORIS 卫星的地面跟踪数据，其确定的 T/P 卫星轨道径向精度达到±2.2cm。JGM2 模型是利用卫星跟踪数据构建地球重力场模型的重要代表，为构建高阶重力场模型提供了借鉴。

1996 年，NASA、戈达德航天中心、美国国家影像和制图局及俄亥俄州立大学共同研制出了 EGM96 地球重力场模型。该模型的低阶部分（前 70 阶）以纯卫星跟踪数据为基础，高阶部分综合利用了地面和卫星测高数据，构建模型的分辨率达到了 30′×30′，代表了 20 世纪地球重力场模型的最高水平。

21 世纪以来，卫星-卫星跟踪观测技术(SST)和卫星重力梯度测量技术(SGG)的出现，使地球重力场模型的发展进入了全新的卫星重力时代。2008 年 4 月，美国国家地理空间情报局(National Geospatial-Intelligence Agency，NGA)公开发布了历时四年研制完成的 2190 阶的高阶地球重力场模型 EGM2008(Pavlis et al.，2008)。该模型综合使用了地面重力、海洋重力、航空重力、卫星测高、卫星重力、数字地形模型和海面动力地形等当时可以获取的几乎所有数据。

在数据贡献方面，EGM2008 的前 180 阶位系数由 ITG-GRACE03 重力场模型和海面动力地形 DOT2007A 进行反演(最小二乘配置法)；180~2190 阶则是利用 5′×5′的格网平均重力异常按照分块对角矩阵构建法方程(前 180 阶由 GRACE 和 DOT2007A 构建的分块对角矩阵替换)，并进行复杂的迭代处理和椭球谐系数转换，最终得到球谐系数。

另外，德国波茨坦地学研究中心(GFZ)推出了 EIGEN 系列地球重力场模型。官方公布的最新 EIGEN 模型为 EIGEN-6S4(Förste et al.，2015)和 EIGEN-6C4(Förste et al.，2012)。EIGEN-6S4 是利用 GRACE、GOCE、LAGEOS 等卫星跟踪观测数据构建的 300 阶次的纯卫星重力场模型，该模型的前 80 阶由 GRACE 卫星月重力场解单独替换，因此球谐系数中含有周年、半周年等时变重力参数改正项。EIGEN-6C4 是一个融合重力场模型，其构建过程主要使用了以下几种数据(见图 1-4)：

①1985 年 1 月至 2010 年 12 月共计 25 年的 LAGEOS1/2 的 SLR 观测数据；

②2003 年至 2012 年 12 月共计 10 年的 GRACE 观测数据；

③2009 年 11 月至 2012 年 8 月 422 天的 GOCE 观测数据；

④地面重力数据；

⑤DTU10 大地水准面数据和 EGM2008 大地水准面数据。

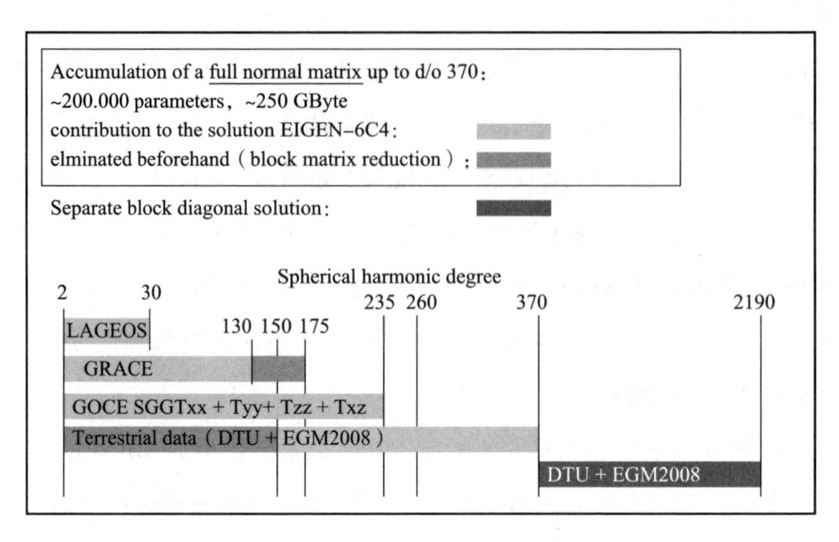


**图 1-4　EIGEN-6C4 融合重力场模型数据构成与贡献**

在数据贡献方面，2~370 阶采用最小二乘法将不同来源的卫星和地面重力数据进行整合；370~2190 阶则是利用全球 DTU10 测高重力异常数据和 EGM2008 模型数据，采取分块对角矩阵法进行解算。EIGEN-6C4 是现有阶次最高的地球重力场模型之一，其在数据利用和方法使用上都为后续高分辨率高精度地球重力场模型的构建提供了重要借鉴。

除此之外，还有许多机构研制了地球重力场模型。如美国 CSR 的 GGM 系列、欧洲航天局(ESA)的 GO_CONS_GCF 系列和 GOCO 系列、德国慕尼黑工业大学的 TUM 系列、德国波恩大学的 ITG 系列、荷兰代尔夫特大学的 DEOS 系列等。

我国地球重力场模型的构建始于 20 世纪 70 年代，主要有西安测绘研究所研制的 DQM 系列(石磐，1984，1994)、中国科学院测量与地球物理研究所研制的 IGG 系列(陆洋等，1994；陆洋等，1997)、武汉测绘科技大学研制的 WDM 系列(宁津生等，1990)以及海洋测绘研究所研制的 MOD 系列(黄谟涛等，2001)。

## 1.3 大地水准面精化研究进展

大地水准面巨大的科学和应用价值始终是其迅猛发展的推动力。20 世纪 90 年代以来，世界各国和地区都在积极地改善各自的大地水准面模型质量，模型的分辨率和精度相比之前有了较大提高。

20 世纪 90 年代以后，随着观测区域的不断扩大、数据精度的不断提高以及地形改正策略的不断严密，美国陆续推出了 GEOID90、GEOID93~GEOID99 一系列大地水准面模型，分辨率和精度较之前提高了一个数量级。美国最新公布的重力大地水准面为 USGG2012，它是基于地面重力数据、DNSC(Danish National Space Center)08 测高重力数据和高分辨率的 SRTM(Shuttle Radar Topography Mission)3 地形数据共同建立起来的。其大地水准面的整体精度约为±3cm，其中，西部山区的精度为±5~±8cm，平原地区的精度优于±2cm，分辨率达到了 1′×1′。另外，为了达到±1~2cm 的高精度大地水准面的目标，进而取代现有的国家高程基准 NAVD88，美国国家大地测量局(National Geodetic Survey，NGS)于 2007 年启动了美国垂直基准重新定义计划(Gravity for the Redefinition of the American Vertical Datum，GRAV-D)，并在全美陆续展开航空重力测量任务。目前，美国东部多数地区的飞行任务已经完成，而西部地区只有加利福尼亚州附近的局部区域可以获取数据，NGS 预处理后的航空重力数据精度为±2~3mGal。

加拿大采用与美国相同的高程基准(NAVD88)，先后研制了 GSD91、GSD95 直至 CGG2010 大地水准面模型。CGG2010 模型的构建过程融合了 GOCO01S 模型和 EGM2008 模型的中低阶重力场信息，中长波部分的精度得到了显著提高，模型的分辨率达到了 2′×2′，精度为±2~±10cm。加拿大最新推出的重力大地水准面模型为 CGG2013，消除系统误差后，精度为±7.3cm，加拿大基于此构建了新一代的大地水准面高程基准 CGVD2013。

澳大利亚也致力于发展本国的高精度重力大地水准面模型，如AUSGeoid93、AUSGeoid98、AUSGeoid09。AUSGeoid09模型的建立利用了高阶次的EGM2008地球重力场模型信息，因此实际观测数据对大地水准面的贡献非常小。AUSGeoid09模型的分辨率为1″×1′，GPS/水准拟合后的精度为±3cm。

欧洲国家大地水准面的计算始于20世纪80年代，起初的重力大地水准面精度只有分米级，分辨率约为20km。1990年，国际大地测量协会(International Association of Geodesy，IAG)启动了欧洲大地水准面计划，之后陆续推出了EGG94、EGG95、EGG96、EGG97、EGG2007、EGG2008等一系列大地水准面模型。其中，EGG97模型充分利用了EIGEN-GL4C重力场模型高精度的中长波信息，分辨率达到1.0′×1.5′，与德国、法国以及横贯欧洲的GPS/水准数据进行比较，其精度达到±10cm。EGG2008在EGG2007模型的基础上，对可疑区域进行部分更新，最终精度优于±8cm。

我国似大地水准面的确定经历了半个多世纪的发展历程，最初的似大地水准面CQG60的精度只有±2~±4m，分辨率为200~500km。20世纪90年代，在国家测绘局的组织下，武汉大学研制了覆盖我国全境的似大地水准面模型CQG2000(李建成等，2003)，其分辨率为5′×5′，精度约为±0.5m。2011年，基于Stokes-Helmert的“移去-恢复”理论，我国建立了新一代的大地水准面模型CNGG2011，该模型的整体精度为±0.126m，东部地区精度为±0.062m，西部地区精度为±0.138m。

## 1.4 径向基函数建模研究现状

径向基函数是一种相对于向径方向对称(各向同性)的球面函数，其大部分能量集中于函数的中心区域，所以具有良好的局部化特征。径向基函数的空间形状及频率域表现与其内部的基函数核(核函数)密切相关，依据核函数球谐阶次取值范围的不同，径向基函数有非带限型和带限型之分；径向基函数建模受基函数格网、带宽等多种因素的影响，需要制定特定的格网设计方案；径向基函数在多尺度分析方面也有重要的应用价值。

(1)非带限型径向基函数研究

早期的径向基函数都是非带限型的。这里的“非带限”指的是径向基函数的频率域表现没有受到其内部核函数球谐阶次范围的约束，可以认为是从零到无穷大。非带限型径向基函数通常具有闭合形式的表达公式，该公式与球谐阶次不存在直接关联(Klees，2008)，因而空间局部化特性明显，频率局部化特性不甚突出，主要分为以下几类：点质量基函数(Weightman，1965；Barthelmes，1986；Vermeer，1990；Lin，2014)、径向多级基函数(Marchenko，1998；Marchenko et al.，2001；Holschneider et al.，2003；Chambodut et al.，2005)、Poisson 径向基函数(Klees & Wittwer，2006)等。

点质量基函数的研究可以追溯到 1965 年，是最早出现的径向基函数建模理论，它利用地球内部点质量位的叠加表示地球重力场，点质量位与该点质量元和计算点的距离的倒数有关(Weightman，1965)。1986 年，Barthelmes(1986)提出了一种可以自适应确定点质量参数(三个位置参数和一个质量参数)的最优化方法，在一定程度上减少基函数数量的同时，还显著减小了计算时的不稳定性，但是该方法实施难度较大，且计算复杂度较其他方法并无改善。此后，Vermeer(1990)运用并发展了这一理论，分别对芬兰和波罗的海两个地区进行了局部重力场建模。

Marchenko (1998)、Marchenko 等(2001)用点质量基函数的高阶径向导数表示了中欧地区的局部大地水准面，并将其称为“径向多级基函数”。该径向基函数的系数基于观测信号的协方差确定，只需要较少的基函数系数就可以完成建模过程，缺点是建模复杂度高，比较耗时。

Klees 和 Wittwer (2006)在 Poisson 径向基函数的基础上，设计了与观测信号相适应的数据自适应精化格网算法，最终得到的荷兰大地水准面精度达±0. 6cm。

（2）带限型径向基函数研究

近十几年来，带限型径向基函数逐渐受到人们的青睐。带限型径向基函数的频谱覆盖受到公式内部核函数的制约，该核函数只在某个指定的阶次范围内有相应值，而在其他阶次取值均为零。正是由于这个原因，带限型径向基函数可以在空间局部化特性和频率局部化特性之间进行灵活的调节，从而达到最佳的局部重力场建模效果。根据核函数选取的不同，带限型径向基函数可分为 Blackman 径向基函数、Poisson 径向基函数和球谐样条径向基函数（Eicker A，2008）等。

Schmidt 等（2005）、Schmidt 等（2007）使用 Blackman 径向基函数，结合两种不同类型的重力数据（CHAMP 卫星重力数据和地面重力数据）对南美地区的大地水准面进行了逼近，得到了该区域高分辨率的大地水准面模型。

Holschneider（2003）引进了 Poisson 径向基函数，并成功地将其应用于局部地磁场的建模中。此后，Chambodut 等（2005）就 Poisson 径向基函数在构建全球及局部重力场模型（南美）方面做了模拟实验，得到了较好的建模效果。Panet 等（2010）基于该径向基函数，利用域分解技术，融合 KMS02 测高重力异常和 EIGEN-GL04S 扰动位两种不同类型的观测数据，最终得到了日本地区高分辨率（约 15km）的地球重力场模型。

Eicker（2008）提出用球谐样条径向基函数进行重力场建模，由于核函数与观测信号的频谱特性变化非常吻合，建模效果较好，在精化卫星重力场模型领域得到了应用，但由于其基函数系数过多，建模的复杂度和计算机负荷问题并没有太大改善。

除此之外，还有 Shannon 低通、Shannon 带通、三次多项式和 Abel-Poisson 等多种类型的带限型径向基函数，它们的空间域和频率域的表现情况都不尽相同，将在第 3 章重点讨论。

（3）径向基函数格网设计方案研究

本书所说的径向基函数格网设计方案，指的是在重力场建模过程中径向基函数的位置、数量及基函数的空间形状等的确定方法。由于在实际建模时是将基函数设置于某种数据格网上，该格网的分布就代表了径向基函数的分布，而基函数的形状又与带宽参数有直接关联。因此，基函数格网设计方案实际上就是基函数的格网点分布、数量和带宽的确定方法，三者缺一不可。遗憾的是，目前尚没有统一的准则指导建模过程，也没有任何手段可以完全恢复重力场的整个波段信息。众多学者就如何达到最佳的模型化效果进行了多种尝试，得到了许多经验和多种多样的基函数格网设计算法。

在径向基函数格网点分布方面，Eicker（2008）利用多种准则（最小距离、均匀性、灵活性等）分析了多种格网的优劣，结果表明，Reuter 格网和三角顶点格网最适合应用于模型化局部重力场。Bentel（2013）、Bentel 等（2013）研究了不同的径向基函数在不同类型的格网下表示重力场的差异和精度，所得结论：Abel-Poisson 核、Blackman 核和三次多项式核在空域内具有较小的振荡，更适合局部重力场建模。

在确定最佳径向基函数数量方面，Wittwer（2007）指出，径向基函数的数量与研究区域内数据的分辨率及其区域大小有关，并且观测值的数量并不直接影响基函数的数量；Schmidt 等（2007）和 Eicker（2008）将基函数格网与观测信号的频谱特性联系起来，认为基函数格网点数应大于已知信号对应的球谐系数的个数；Chambodut 等（2005）利用多级小波族形成的框架联合模型化局部重力场，并且根据冗余度值（基函数个数与产生的 Hilbert 空间的维度比值）选定基函数的格网密度参数，这种方法可以提供一个相对稳定的重力场表达，但是需要的径向基函数数量仍然很大。另外，Tenzer 和 Klees（2008）认为，在平原和丘陵地带，基函数的数量一般应为观测值数量的 20%～30%。而在高山区域，Tenzer 等（2012）得出的结论是，基函数的数量至少应占观测值数量的 70%，但如果对重力数据进行了地形改正，这一比值可以进一步降至 30%。同时，Tenzer 等指出，在找到最佳基函数数量之后，增加额外的基函数，对模型精度并无显著改善。Safari 等（2015）试图同时用多种类型的重力数据寻求最佳的径向基函数数量，得出的结论是，基函数的数量与高程异常的残差存在函数关系，但这种方法缺乏普适性，而且多种重力数据联合校准结果的方法很难做到。

在确定最佳带宽参数方面，Barthelmes(1986)提出的点质量优化算法依然适用，他将所有未知参数(包括带宽参数)的求解都看作一个非线性系统的最优化问题，对所有参数一并求解。Weigelt 等(2009)使用非线性的 Levenberg-Marquardt 方法确定径向基函数的三维坐标和带宽，在一定程度上提高建模质量的同时避免了过度拟合问题。Klees 等(2008)提出了数据自适应精化格网算法，采用广义交叉验证准则(GCV)对基函数的带宽进行单独确定，在显著减少基函数个数的同时达到了良好的建模效果。

(4)径向基函数多尺度建模理论研究

地球重力场具有多尺度特征，利用径向基函数的频率局部化特性，可以实现对重力场的多尺度分解。因此，作为多尺度分析工具，径向基函数也受到越来越多的关注。

德国凯泽斯劳滕大学的地学研究小组提出了利用径向基函数对重力场进行多尺度分析的理论(Freeden et al.，1998)。随后，该理论得到了长足发展。Kusche(2002)就重力场的确定和多分辨率分析的方法做了简要概括总结。Chambodut 等(2005)提出了径向基函数多尺度框架的概念，通过实际多尺度分析表明，在输入数据较为稀疏的情况下，径向基函数模型比球谐样条径向基函数模型更具优势。Schmidt 等(2003，2005)利用模拟数据，采用两种不同的径向基函数方法(小波基函数法、小波/球谐函数组合法)对全球重力异常/大地水准面进行了多尺度分解，证明了多尺度分析方法的可行性。Markus Roland(2005)对比了利用径向基函数多尺度建模方法和斯托克斯法在构建局部大地水准面模型的差异，指出了相较于斯托克斯法，多尺度分析法不再需要内区改正，但同时存在计算量过大的问题。

Freeden 等(2006)研究了利用垂线偏差数据多尺度逼近局部大地水准面的相关理论，并指出径向基函数多尺度分析的优势在于它可以充分利用本身的局部化特性；Schmidt 等(2006)对径向基函数局部重力场多尺度分析的方法做了详细描述，并给出了其在诸如构建高分辨率融合模型、时空统一模型等方面的具体应用实例。Fehlinger 等(2008)在多尺度框架的基础上利用格林函数的球面积分公式，提出了运用垂线偏差数据模型化扰动位的新方法。Freeden 等(2009)将多尺度分析运用于探测夏威夷和冰岛的地幔羽流中，其所得关于地幔羽流位置的结论与地震学结果基本吻合。Freeden 等(2010)将多尺度分析方法运用于 GRACE 和 WGHM 水文数据中，并在时域和空域意义上比较了两种多尺度分析结果的差异，为如何构建、改进水文模型提供了重要借鉴。Peidou (2015) 对近几年的 GOCE/GRACE 卫星重力场资料进行多尺度分析，使重力场模型的精度得到一定程度的改善。

## 1.5 研究内容

随着卫星重力计划的持续推进、测量手段的不断革新以及大地测量野外工作者的辛勤努力，地球重力场信息的获取手段更加先进、数据更加丰富，为高精度高分辨率地球重力场模型的构建提供了越来越多的数据支撑，以 EGM2008 模型的公布为标志，地球重力场模型的构建进入了一个崭新的时代。

由于全波段、高精度地面重力观测覆盖度有限，而高覆盖度的卫星重力观测数据分辨率又比较低，球谐函数地球重力场模型在高精度和高分辨率之间存在难以统一的矛盾；而地球相关学科的飞速发展，又迫切需要高质量的地球重力场模型快速更新和改进。建立能与局部地区重力场实现最佳拟合的高分辨率地球重力场模型，依然是当前乃至今后一段时期我国物理大地测量界的主要任务。在此背景下，探索与局部地区更加符合的地球重力场模型表示方法并将其应用于融合多源重力数据，对构建我国高分辨率地球重力场模型具有十分重要的意义。

本书面向高阶、高精度地球重力场模型的构建需求，深入研究径向基函数建模理论、径向基函数多尺度分析方法和多源重力数据融合方法，在对多尺度估计理论进一步研究的基础上，提出了径向基函数多尺度分析的直接法，并联合多源重力数据，构建了局部地区高精度、高分辨率的地球重力场径向基函数模型。本书的主要内容安排如下。

第 1 章，阐述了地球重力场模型研究的背景和意义、地球重力场模型的研究进展、大地水准面精化研究进程和径向基函数建模研究现状，介绍了本书的研究内容。

第 2 章，简单介绍了球谐函数地球重力场模型的基本知识。主要包括球谐函数的概念和空间表现形式、球谐函数重力场模型表示下的重力场参量以及重力场模型的分辨率和精度。

第 3 章，详细介绍和分析了地球重力场径向基函数模型的建模理论。讨论了影响径向基函数建模的多种因素：径向基函数格网分布、径向基函数类型、径向基函数重力场参量、径向基函数系数的求解方法、径向基函数精化格网设计算法以及多尺度建模理论，并展示了径向基函数与球谐函数之间的函数关系。

第 4 章，主要介绍重力观测手段与数据融合方法。首先介绍了多源重力观测技术及其数据特性，其次就移去-恢复技术进行了简要说明，最后详细阐述了最小二乘配置法、最小二乘谱组合法、方差分量估计法等多源重力数据融合方法，为下面章节实际融合多源重力数据构建高精度高分辨率重力场模型奠定理论基础。

第 5 章，重点研究径向基函数的实际建模及其在多尺度分析上的应用。首先，联合两种不同类型、不同频谱的重力数据，构建了南海局部地区高分辨率的径向基函数模型 APBF 模型，并对建模误差做了详细分析；其次，利用新提出的径向基函数多尺度分析直接法和原有的离散积分多尺度分析法，对南海的重力异常数据进行多尺度分解和比较，并对结果进行了解释；最后，对全球大地水准面进行了多尺度分析，讨论了不同尺度大地水准面异常信号与火山热点、大洋中脊等特殊构造存在的关联。

第6章，就利用多源重力数据构建高精度高分辨率重力场模型做出尝试，并进行了精度评价。首先，利用美国局部地区两种不同类型的重力数据(地面重力异常、离散垂线偏差)，分别单独和联合构建径向基函数模型，并利用GPS/水准数据比较其精度优劣；其次，基于最小二乘配置法和径向基函数方法，分别采取6种方案对美国西部地区的地面重力数据、航空重力数据、EGM2008模型和SRTM地形数据进行融合，从而得到该地区高精度、高分辨率的大地水准面数值模型，为构建我国山区高分辨率高精度重力场模型提供了借鉴。

第7章，总结与展望。总结了本书的主要工作与成果，并对后续工作进行了展望。

# 2 球谐函数地球重力场模型

地球重力场模型通常用球谐函数进行表达，它作为拉普拉斯方程的特征解，具有最优的频率局部化特性，非常适合表示全球重力场。目前公布的地球重力场模型，绝大多数是依据球谐函数理论建立起来的。

## 2.1 球谐函数

利用球谐函数恢复地球重力场是目前最经常使用、发展较成熟的一项技术。球谐函数满足拉普拉斯方程，位理论上的许多边值问题都可以利用球谐函数进行解算。球谐函数具有最优的频率局部化特性，每个球谐阶次($n$ 和 $m$)都有单一的频率与之对应，尤其适合表示全球重力场。

地球外部引力位通常可以用球谐函数表示为傅里叶级数展开的形式：

$$V(r,\ \theta,\ \lambda) = \frac{GM}{R_E}\sum_{n=0}^{\infty}\left(\frac{R_E}{r}\right)^{n+1}\sum_{m=0}^{n}(\bar{C}_{nm}\,\bar{\boldsymbol{C}}_{nm} + \bar{S}_{nm}\,\bar{\boldsymbol{S}}_{nm}) \tag{2.1}$$

式中，$r$、$\theta$、$\lambda$ 为球面上或外部任意一点的球坐标，$GM$ 为地球引力常数和地球质量的乘积，$R_E$ 为地球平均半径，$n$、$m$ 分别为球谐阶次，$\bar{C}_{nm}$、$\bar{S}_{nm}$ 为球谐函数引力位系数，$\bar{\boldsymbol{C}}_{nm}$ 和 $\bar{\boldsymbol{S}}_{nm}$ 分别为余弦项和正弦项面谐函数，可表示为

$$\begin{cases} \overline{C}_{nm} \\ \overline{S}_{nm} \end{cases} = \begin{cases} \overline{P}_{nm}(\cos\theta)\cos m\lambda \\ \overline{P}_{nm}(\cos\theta)\sin m\lambda \end{cases} \tag{2.2}$$

式中，$\overline{P}_{nm}(\cos\theta)$是完全正则化连带勒让德多项式。

球谐函数是全局化的调和函数，其空间表现情况与球谐阶次的取值有密切联系。图 2-1 展示了三个球谐函数$\overline{\boldsymbol{R}}_{6,0}$、$\overline{\boldsymbol{R}}_{16,9}$和$\overline{\boldsymbol{R}}_{9,9}$的空间分布情况。从图 2-1 可以看出，当 $n\neq 0$，$m=0(\overline{\boldsymbol{R}}_{6,0})$时，球面被分成多个横向条带，此时的球谐函数为“带谐函数”；当 $n\neq 0$，$m\neq 0(\overline{\boldsymbol{R}}_{16,9})$时，球面表现为若干个田字格，且在格与格之间正值和负值交替变换，这样的函数为“田谐函数”；在更加特殊的情况下，例如，当 $n=m(\overline{\boldsymbol{R}}_{9,9})$时，球面被众多扇形区域均匀分割，形成类似西瓜瓣的形状，被称为“扇谐函数”。

（a）带谐函数 $n$=6，$m$=0

（b）田谐函数 $n$=16，$m$=9

（c）扇谐函数 $n$=9，$m$=9

**图 2-1 各种球谐函数**

资料来源：Barthelmes F，2013。

由于全球紧支撑特性，球谐函数通常用于构建地球重力场模型。球谐函数可以方便地对重力场信号进行频谱分析和滤波，利用球谐函数的分析与合成，可以得到空间域下球面上任意一点的重力值。

## 2.2 球谐函数重力场模型表示下的各重力场元

地球重力场模型，即地球全球引力位模型，是一个逼近地球质体外部引力位在无穷远处收敛到零值的调和函数，通常展开成一个在理论上收敛的整阶次球谐或椭球谐函数的无穷级数，这个级数展开系数的集合定义一个相应的地球重力场模型(李建成，2003)。地球重力场模型具有形式简单、使用方便的特点。地球重力场模型的位系数可由 CHAMP、GRACE、GOCE 等卫星重力数据单独反演得到(纯卫星重力场模型)，也可由卫星重力、地面重力、航空重力等多种重力数据联合反演解算(融合重力场模型)。

EGM2008 作为国际公认的高精度高分辨率重力场模型，由 NGA 历时四年精心研制完成。EGM2008 地球重力场模型的部分位系数见表 2-1 (Pavlis et al. , 2008)。

表 2-1　EGM2008 地球重力场模型部分位系数

| $n$ | $m$ | $C$ | $S$ | $\Sigma C$ | $\Sigma S$ |
|---|---|---|---|---|---|
| 2 | 0 | $-0.484165143791\times10^{-3}$ | 0.000000000000 | $0.74812395\times10^{-11}$ | 0.00000000 |
| 2 | 1 | $-0.206615509074\times10^{-9}$ | $0.138441389138\times10^{-8}$ | $0.70637815\times10^{-11}$ | $0.73483472\times10^{-11}$ |
| 2 | 2 | $0.243938357328\times10^{-5}$ | $-0.140027370386\times10^{-5}$ | $0.72302317\times10^{-11}$ | $0.74258170\times10^{-11}$ |
| 3 | 0 | $0.957161207093\times10^{-6}$ | 0.000000000000 | $0.57314308\times10^{-11}$ | 0.00000000 |
| 3 | 1 | $0.203046201048\times10^{-5}$ | $0.248200415857\times10^{-6}$ | $0.57266332\times10^{-11}$ | $0.59766921\times10^{-11}$ |
| 3 | 2 | $0.904787894810\times10^{-6}$ | $-0.619005475178\times10^{-6}$ | $0.63747769\times10^{-11}$ | $0.64018378\times10^{-11}$ |
| 3 | 3 | $0.721321757122\times10^{-6}$ | $0.141434926193\times10^{-5}$ | $0.60291318\times10^{-11}$ | $0.60283112\times10^{-11}$ |
| 4 | 0 | $0.539965866639\times10^{-6}$ | 0.000000000000 | $0.44311120\times10^{-11}$ | 0.00000000 |
| 4 | 1 | $-0.536157389389\times10^{-6}$ | $-0.473567346518\times10^{-6}$ | $0.45680743\times10^{-11}$ | $0.46840435\times10^{-11}$ |
| 4 | 2 | $0.350501623963\times10^{-6}$ | $0.662480026276\times10^{-6}$ | $0.53078403\times10^{-11}$ | $0.51860985\times10^{-11}$ |
| 4 | 3 | $0.990856766672\times10^{-6}$ | $-0.200956723567\times10^{-6}$ | $0.56319530\times10^{-11}$ | $0.56202961\times10^{-11}$ |
| 4 | 4 | $-0.188519633023\times10^{-6}$ | $0.308803882149\times10^{-6}$ | $0.53728772\times10^{-11}$ | $0.53832477\times10^{-11}$ |
| 5 | 0 | $0.686702913737\times10^{-7}$ | 0.000000000000 | $0.29101984\times10^{-11}$ | 0.00000000 |
| 5 | 1 | $-0.629211923043\times10^{-7}$ | $-0.943698073396\times10^{-7}$ | $0.29890776\times10^{-11}$ | $0.31433132\times10^{-11}$ |
| 5 | 2 | $0.652078043176\times10^{-6}$ | $-0.323353192541\times10^{-6}$ | $0.38227961\times10^{-11}$ | $0.36427684\times10^{-11}$ |
| 5 | 3 | $-0.451847152329\times10^{-6}$ | $-0.214955408306\times10^{-6}$ | $0.47259341\times10^{-11}$ | $0.46889854\times10^{-11}$ |
| 5 | 4 | $-0.295328761176\times10^{-6}$ | $0.498070550102\times10^{-7}$ | $0.53321985\times10^{-11}$ | $0.53026210\times10^{-11}$ |
| 5 | 5 | $0.174811795496\times10^{-6}$ | $-0.669379935180\times10^{-6}$ | $0.49803966\times10^{-11}$ | $0.49810273\times10^{-11}$ |

续表

| $n$ | $m$ | $C$ | $S$ | $\sum C$ | $\sum S$ |
|---|---|---|---|---|---|
| 6 | 0 | $-0.149953927979\times10^{-6}$ | $0.000000000000$ | $0.20354902\times10^{-11}$ | $0.00000000$ |
| 6 | 1 | $-0.759210081893\times10^{-7}$ | $0.265122593214\times10^{-7}$ | $0.20859802\times10^{-11}$ | $0.21939546\times10^{-11}$ |
| 6 | 2 | $0.486488924605\times10^{-7}$ | $-0.373789324524\times10^{-6}$ | $0.26039494\times10^{-11}$ | $0.24665062\times10^{-11}$ |
| 6 | 3 | $0.572451611176\times10^{-7}$ | $0.895201130011\times10^{-8}$ | $0.33802862\times10^{-11}$ | $0.33472046\times10^{-11}$ |
| 6 | 4 | $-0.860237937192\times10^{-7}$ | $-0.471425573429\times10^{-6}$ | $0.45351022\times10^{-11}$ | $0.44894283\times10^{-11}$ |
| 6 | 5 | $-0.267166423703\times10^{-6}$ | $-0.536493151500\times10^{-6}$ | $0.50977946\times10^{-11}$ | $0.51011530\times10^{-11}$ |
| 6 | 6 | $0.947068749757\times10^{-8}$ | $-0.237382353351\times10^{-6}$ | $0.47316510\times10^{-11}$ | $0.47283571\times10^{-11}$ |

利用地球重力场模型的球谐函数系数和重力场元间的泛函关系，扰动位 $T$、高程异常 $\zeta$、重力异常 $\Delta g$、扰动重力 $\delta g$ 和垂线偏差 $\xi$、$\eta$ 可分别表示如下：

$$T(r,\ \theta,\ \lambda)=\frac{GM}{R_E}\sum_{n=0}^{\infty}\left(\frac{R_E}{r}\right)^{n+1}\sum_{m=0}^{n}(\Delta\,\bar{C}_{nm}\cos m\lambda+\bar{S}_{nm}\sin m\lambda)\,\bar{P}_{nm}(\cos\theta)\tag{2.3}$$

$$\zeta(r,\ \theta,\ \lambda)=\frac{GM}{R_E\gamma}\sum_{n=0}^{\infty}\left(\frac{R_E}{r}\right)^{n+1}\sum_{m=0}^{n}(\Delta\,\bar{C}_{nm}\cos m\lambda+S_{nm}\sin m\lambda)P_{nm}(\cos\theta)\tag{2.4}$$

$$\Delta g(r,\ \theta,\ \lambda)=\frac{GM}{r^2}\sum_{n=2}^{\infty}\left(\frac{R_E}{r}\right)^{n}(n-1)\sum_{m=0}^{n}(\Delta\,\bar{C}_{nm}\cos m\lambda+\bar{S}_{nm}\sin m\lambda)\,\bar{P}_{nm}(\cos\theta)\tag{2.5}$$

$$\delta g(r,\ \theta,\ \lambda)=\frac{GM}{r^2}\sum_{n=0}^{\infty}\left(\frac{R_E}{r}\right)^{n}(n+1)\sum_{m=0}^{n}(\Delta\,\bar{C}_{nm}\cos m\lambda+\bar{S}_{nm}\sin m\lambda)\,\bar{P}_{nm}(\cos\theta)\tag{2.6}$$

$$\xi(r,\ \theta,\ \lambda)=-\frac{GM}{r^2\gamma}\sum_{n=2}^{\infty}\left(\frac{R_E}{r}\right)^{n}\sum_{m=0}^{n}(\Delta\,\bar{C}_{nm}\cos m\lambda+\bar{S}_{nm}\sin m\lambda)\,\frac{\mathrm{d}\,\bar{P}_{nm}(\cos\theta)}{\mathrm{d}\theta}\tag{2.7}$$

$$\eta(r,\ \theta,\ \lambda) = -\frac{GM}{r^2\gamma\sin\theta}\sum_{n=2}^{\infty}\left(\frac{R_E}{r}\right)^n\sum_{m=0}^{n}(\bar{S}_{nm}\cos m\lambda - \Delta\bar{C}_{nm}\sin m\lambda)m\bar{P}_{nm}(\cos\theta) \tag{2.8}$$

大地水准面起伏和高程异常存在如下关系：

$$N \approx \zeta + \frac{\Delta g_B}{\gamma}H \tag{2.9}$$

式中，$\Delta g_B$为地面布格重力异常，$\gamma$ 为椭球面上的正常重力，$H$ 为正高。在地形起伏较大的高山区或高原区，如青藏高原，大地水准面与高程异常的差异能达到 2~3m。

## 2.3 地球重力场模型的分辨率和精度

球谐函数表达的地球重力场模型是一种频率域表达方式，按照球谐阶次的由低到高可依次划分为低频、中频、高频和超高频；对应在空间域内，可分为低分辨率、中等分辨率、高分辨率和超高分辨率。球谐阶次$n \leqslant 36$的模型一般称为低阶模型，对应的 550km 以上空间分辨率为低分辨率。

重力数据的观测误差以及不连续性，决定了任何重力场模型都只能是以一定的精度和分辨率对真实地球引力位的逼近。根据数据采样定理，理论上高于重力场空间采样率的重力场频谱成分不能被分辨出来。若重力场模型的最高阶次为 $N_{\max}$，则地面的空间分辨率 $D$(km，半波长)可近似表示为

$$D = \frac{\lambda}{2} = \frac{\pi R_E}{N_{\max}} \approx \frac{20000}{N_{\max}} \tag{2.10}$$

式中，$\lambda$ 为重力场模型对应的地面波长。

根据式(2.10)，EIGEN-GL04S1 模型(150 阶)的空间分辨率约为 133km，GOCO05S 模型(280 阶)的空间分辨率约为 71km，而 EGM2008 模型、EIGEN-6C4 模型(2190 阶)的空间分辨率均约为 9.0km。由于纯卫星重力场模型的阶次一般比较低，其对应的空间分辨率也相对较差。

EIGEN－GL04S1 模型的大地水准面出现许多方块状的“碎片”，EGM2008 模型则显得非常平滑。这是因为 EIGEN-GL04S1 模型的空间分辨率只有 1.2°，即其能分辨的最小网格单元只有 1.2°，在小于 1.2°的范围大地水准面值可认为是相同的；而 EGM2008 模型的最小可分辨单元在 5′左右，比前者 1.2°的分辨间隔小得多，但由于本例中我们很难区分小于 5′的大地水准面差异，所以 EGM2008 的大地水准面看起来几乎是连续分布的。

地球重力场模型的精度反映的是模型计算值与地球重力场真值之间的差异。它不仅受制于输入数据的精度，还受到烦琐的重力数据归算和理论假设(大地水准面外无质量、球近似等)的影响。目前，地球重力场模型的精度为分米级水平，但随着卫星重力计划的进一步开展，重力场信号在中低阶波段的信息已经可以达到相当高的精度，借助高分辨率的重力和地形数据，有望实现厘米级精度的大地水准面。

常用的评价地球重力场模型精度的方法是 $n$ 阶位系数误差阶方差$e_n^2$：

$$e_n^2 = \sum_{m=0}^{n} \left[ (\delta_{C_{nm}})^2 + (\delta_{S_{nm}})^2 \right] \tag{2.11}$$

式中，$\delta_{C_{nm}}$和$\delta_{S_{nm}}$分别为模型位系数 $C_{nm}$和 $S_{nm}$的误差中误差。

根据大地水准面和重力异常的球谐函数表达式，利用$e_n^2$ 可分别计算大地水准面误差阶方差$\sigma_{n,N}^2$和重力异常误差阶方差$\sigma_{n,\Delta g}^2$：

$$\begin{cases} \sigma_{n,N}^2 = \left(\dfrac{GM}{R_E\gamma}\right)^2 e_n^2 \\ \sigma_{n,\Delta g}^2 = \left[\dfrac{GM}{R_E^2}(n-1)\right]^2 e_n^2 \end{cases} \tag{2.12}$$

则累积到最高阶次的大地水准面中误差$\sigma_N^{N_{\max}}$ 和重力异常中误差$\sigma_{\Delta g}^{N_{\max}}$可依次表示为

$$\begin{cases} \sigma_N^{N_{\max}} = \dfrac{GM}{R_E\gamma}\sqrt{\sum\limits_{n=0}^{N_{\max}} e_n^2} \\ \sigma_{\Delta g}^{N_{\max}} = \dfrac{GM}{R_E^2}\sqrt{\sum\limits_{n=0}^{N_{\max}} [(n-1)e_n^2]^2} \end{cases} \tag{2.13}$$

不管是利用哪种观测数据恢复得到的地球重力场模型，都是对地球质体真实重力场的逼近表达。理论上表示的是同一个真值，但实际上由于分辨率的限制，重力场模型的精度也受到制约。尽管纯卫星重力场模型在中低阶波段(≤300 阶)的精度较高，但由于缺失了高频分量，其整体精度实际较差；融合重力场模型除利用卫星重力数据以外，还利用了地面重力、测高重力等高频重力信息，虽然其中低阶精度低于部分纯卫星重力场模型，但整体精度仍相对较好。地球重力场模型大地水准面与 GPS/水准的比较情况见表 2-2。

表 2-2　地球重力场模型大地水准面与 GPS/水准的比较(ICGEM)　单位：m

| Model | $N_{max}$ | USA | Canada | Europe | Australia | Japan | Brazil | All |
|---|---|---|---|---|---|---|---|---|
| EIGEN-6S4V2 | 300 | 0. 405 | 0. 298 | 0. 345 | 0. 327 | 0. 447 | 0. 507 | 0. 3916 |
| GOCO05S | 280 | 0. 399 | 0. 308 | 0. 344 | 0. 335 | 0. 450 | 0. 505 | 0. 3902 |
| GO_CONS_GCF_2_DIR_R5 | 300 | 0. 405 | 0. 299 | 0. 345 | 0. 327 | 0. 447 | 0. 507 | 0. 3918 |
| EGM2008 | 2190 | 0. 248 | 0. 128 | 0. 125 | 0. 217 | 0. 083 | 0. 460 | 0. 2395 |
| EIGEN-6C4 | 2190 | 0. 247 | 0. 126 | 0. 121 | 0. 212 | 0. 079 | 0. 446 | 0. 2359 |
| GOCO05C | 720 | 0. 262 | 0. 154 | 0. 138 | 0. 221 | 0. 217 | 0. 445 | 0. 2539 |
| GECO | 2190 | 0. 246 | 0. 131 | 0. 123 | 0. 216 | 0. 080 | 0. 451 | 0. 2370 |

## 2. 4　地球重力场边值问题理论

### 2. 4. 1　物理大地测量边值问题

由于地球内部密度分布的复杂性和未知性，根据重力场定义无法从理论上通过密度的空间积分直接确定地球外部重力场，根据高斯定理可知，通过某一表面上的信息即可确定该表面以外的调和函数。物理大地测量边值问题(Geodesy Boundary Value Problem，GBVP)应运而生，奠定了构建地球表面及其外部重力场的数学理论基础。边值问题可简单描述为：在大地水准面或地球的自然表面以及其他球面、椭球面上给定边值条件及相应的边值(重力向量和重力位测量值及其泛函)，确定该边界面及其外部引力位，使其满足边值条件并在无限空间内是调和函数。边值问题根据不同的边界条件可分为第一、第二、第三外部边值问题，即相应的 Dirichlet 外部边值问题、Neumann 外部边值问题和 Robin 外部边值问题，下面对三类边值问题的数学原理做简要介绍。

(1) Dirichlet 外部边值问题(狭义利赫外部边值问题)

已知边界面上所求调和函数的极限值，$B=E$(常)，即 $V(Q)=F(Q)$，当边界为半径为 $R$ 的球面时，则可表示为

$$\begin{cases} \Delta V(P)=0 & P\in\overline{\Omega} \\ V(P)_{\Sigma}=V(R,\ \theta',\ \lambda') & \sum \text{ 半径为 } R \text{ 的球面} \end{cases} \tag{2.14}$$

其球面解即为 Poisson 积分：

$$V(r,\ \theta,\ \lambda)=\frac{r^2-R^2}{4\pi R}\iint\frac{V(R,\ \theta',\ \lambda')}{l^3}\mathrm{d}\sum \tag{2.15}$$

(2) Neumann 外部边值问题(牛曼外部边值问题)

已知边界面上调和函数法向 $n$ 的导数值，$B=\frac{\partial}{\partial n}$，即$\frac{\partial V}{\partial n}=F(Q)$，当边界为半径为 $R$ 的球面时，则可表示为

$$\begin{cases} \Delta V(P)=0 & P\in\overline{\Omega} \\ \left(\frac{\partial V}{\partial r}\right)_{\Sigma}=\sum_{n=0}^{\infty}Y_n(\theta,\ \lambda) & \sum \text{ 半径为 } R \text{ 的球面} \end{cases} \tag{2.16}$$

根据球谐函数展开理论及面球函数的级数表达可得该 Neumann 外部边值问题的球面解为

$$V(r,\ \theta,\ \lambda)=-\frac{1}{4\pi}\iint_{\Sigma}\left(\frac{\partial v}{\partial r}\right)\left[\sum_{n=0}^{\infty}\frac{2n+1}{n+1}\frac{R^n}{r^{n+1}}P_n(\cos\varphi)\right]\mathrm{d}\sum \tag{2.17}$$

(3) Robin 外部边值问题(混合外部边值问题)

已知调和函数及其法向导数的线性组合在边界面上的值，$B=\alpha+\beta\frac{\partial}{\partial n}$，即 $\alpha V(Q)+\beta\frac{\partial V}{\partial n}=F(Q)$，当边界为半径为 $R$ 的球面时，则可表示为

$$\begin{cases}\Delta V(P)=0 & P\in\overline{\Omega}\\ \left(\alpha V+\beta\frac{\partial V}{\partial r}\right)\Big|_{\Sigma}=\sum_{n=0}^{\infty}Y_n(\theta,\ \lambda) & \Sigma\ \text{半径为}\ R\ \text{的球面}\end{cases}\tag{2.18}$$

其球面解为

$$V(r,\ \theta,\ \lambda)=R\sum_{n=0}^{\infty}\left(\frac{R}{r}\right)^{n+1}\frac{Y_n(\theta,\ \lambda)}{\alpha R-\beta(n+1)}\tag{2.19}$$

式中，$\alpha R-\beta(n+1)=R^2$，大地测量基本微分方程($\frac{T}{\gamma}\frac{\partial\gamma}{\partial n}-\frac{\partial T}{\partial n}=\Delta g$)就是满足第三外部边值条件，所以使用边界面上的重力异常确定地球重力场及大地水准面属于此类问题。

无论何类边值问题，在实际应用中的前提都有两个：一是该边界面已知；二是调和函数及其泛函在该边界面上已知。因此，结合地球重力场特点，根据不同的边界面形成了不同类型的实际应用的边值问题，如 Stokes 边值问题、Molodensky 边值问题和 Bjerhammar 边值问题等。

### 2.4.2 Stokes 边值问题

英国数学家 Stokes 于 1849 年提出了著名的 Stokes 定理，即如果一个包含着全部物质的水准面形状是已知的，又已知物质的总质量以及它围绕着某一固定轴旋转的角速度，则可以唯一地确定该水准面上及其外部空间任意一点的重力值。这个定理将地球的形状和它表面的重力值联系起来，为研究地球重力场奠定了基础。地球重力场可用地球重力位表达，其复杂性是地球内部质量分布的不均匀和地球表面形状的不规则所致。关于重力场的研究，传统上采用扰动法，即将重力场分为两部分：正常椭球产生的正

常位和异常部分产生的扰动位。前者可以通过大地测量基本参数($a$，$J_2$，$GM$，$\omega$)确定的正常椭球求得，易于确定，认为是已知量；后者为待求量。研究地球的形状及外部重力场的关键就是确定扰动位 $T$。利用地面观测数据作为重力场边值条件，求解扰动位 $T$ 的问题称为大地测量的边值问题。

Stokes 边值问题就是以大地水准面为边界面的 Robin 外部边值问题，要求将地面上的实际重力值归算到大地水准面上，用于求解地球外部的扰动位。定义重力异常 $\Delta g=g_{P_0}-\gamma_{Q_0}$，其中，$g_{P_0}$为大地水准面上点 $P_0$的实际重力，$\gamma_{Q_0}$是点 $P_0$对应椭球面上点$Q_0$的正常重力，如图 2-2 所示。

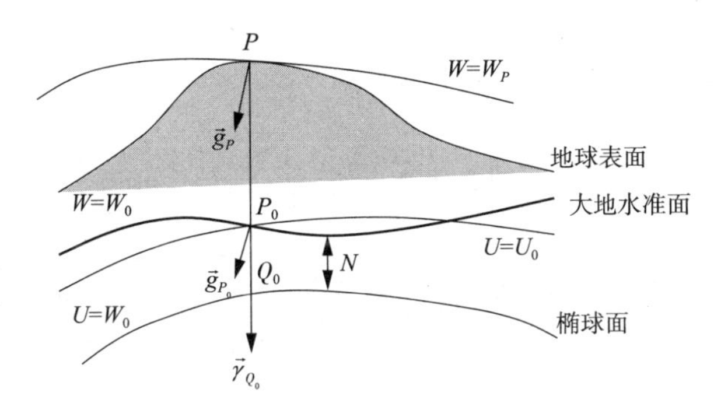


图 2-2　大地水准面高

根据扰动位的定义以及 Bruns 公式，忽略点 $P_0$的垂线偏差影响，则在大地水准面上有

$$-\frac{\partial T}{\partial n}+\frac{T}{\gamma}\frac{\partial \gamma}{\partial n}=\Delta g \tag{2.20}$$

式中，$T$、$\Delta g$ 和 $n$ 分别为大地水准面上点 $P_0$的扰动位、重力异常和外法线方向；$\gamma$ 为点 $P_0$对应椭球面上点$Q_0$的正常重力。式(2.20)即物理大地测量学的基本边界条件，属于第三边界条件。进一步近似用圆球面代替大地水准面，则式(2.20)转化为

$$\left.\frac{2}{R}T+\frac{\partial T}{\partial r}\right|_{r=R=-\Delta g} \tag{2.21}$$

式中，$R$ 为地球的平均半径。因为扰动位在大地水准面外部满足 Laplace 微

分方程，故 Stokes 边值问题简言之就是在式(2. 21)的边界条件下求解 Laplace 方程，属于 Robin 外部边值问题。Stokes 边值问题属于 Robin 外部边值问题，其中，$\alpha=\frac{2}{R}$，$\beta=1$，根据 Robin 外部边值问题的球面解有

$$T(r, \theta, \lambda)=R\sum_{n=2}^{\infty}\left(\frac{R}{r}\right)^{n+1}\frac{Y_n(\theta, \lambda)}{1-n} \tag{2.22}$$

根据球谐展开理论有$Y_n(\theta, \lambda)$为

$$Y_n(\theta, \lambda)=\frac{2n+1}{4\pi R^2}\iint_{\Sigma}\left(\frac{2}{R}T+\frac{\partial T}{\partial r}\right)P_n(\cos\psi)\,\mathrm{d}\sum \tag{2.23}$$

式中，$\psi$ 为地心角，$P_n(\cos\psi)$ 为 $n$ 阶 Legrend 系数。将式(2. 23)代入式(2. 22)，并顾及边值条件式(2. 21)得

$$T(r, \theta, \lambda)=\frac{1}{4\pi}\iint_{\Sigma}\Delta g\left[\sum_{n=2}^{\infty}\frac{2n+1}{n-1}\frac{R^n}{r^{n+1}}P_n(\cos\psi)\right]\mathrm{d}\sum \tag{2.24}$$

令 Stokes 函数 $S(r, \psi)=\sum_{n=2}^{\infty}\frac{2n+1}{n-1}\frac{R^n}{r^{n+1}}P_n(\cos\psi)$，则地球外部的任意一点扰动位为

$$T(r, \theta, \lambda)=\frac{1}{4\pi}\iint_{\Sigma}\Delta g S(r, \psi)\,\mathrm{d}\sum \tag{2.25}$$

在大地水准面上有 $r=R$，用单位面元表示有 $\mathrm{d}\sum=R^2\mathrm{d}\sigma$，则大地水准面上的扰动位为

$$T(R, \theta, \lambda)=\frac{R}{4\pi}\iint_{\sigma}\Delta g S(\psi)\,\mathrm{d}\sigma \tag{2.26}$$

式中，Stokes 函数简化为 $S(\psi)=\sum_{n=2}^{\infty}\frac{2n+1}{n-1}P_n(\cos\psi)$，应用于 Bruns 公式得大地水准面差距为

$$N=\frac{T}{\gamma}=\frac{R}{4\pi\gamma}\iint_{\sigma}\Delta g S(\psi)\,\mathrm{d}\sigma \tag{2.27}$$

式(2. 24)至式(2. 26)统称为 Stokes 公式。由于 Stokes 公式的推导都是基于球近似下的边界条件式(2. 21)，所以利用 Stokes 公式求解得到的扰动

位和大地水准面高存在扁率级的影响。

Stokes 理论的应用须满足四个前提条件：一是椭球的总质量和实际地球相等，即 $P_0=0$；二是椭球表面的正常重力位 $U_0$ 等于大地水准面上的重力位 $W_0$；三是椭球中心与质心重合，即 $P_1=0$；四是椭球短轴与地球自转轴重合，即 $\delta\omega=0$。顾及第一个条件和第二个条件存在无法严格满足，在扰动位和大地水准面高中增加了零阶项，即 $T_0=G\dfrac{\delta M}{r}$、$N_0=G\dfrac{\delta M}{R\gamma}-\dfrac{\delta W}{\gamma}$，因为 $N=\dfrac{T-\delta W}{\gamma}$，进而得到广义的 Stokes 公式：

$$\begin{cases} T(R,\ \theta,\ \lambda)=G\dfrac{\delta M}{r}+\dfrac{R}{4\pi}\iint\limits_{\Sigma}\Delta g S(\varphi)\,\mathrm{d}\sum \\ N=N_0+\dfrac{R}{4\pi\gamma}\iint\limits_{\Sigma}\Delta g S(\varphi)\,\mathrm{d}\sum \end{cases} \tag{2.28}$$

### 2.4.3　Molodensky 边值问题

人们熟知的 Stokes 定理是著名的 Gauss 定理（散度定理）在解决物理大地测量边值问题中的实际应用，是用边界面上的重力异常确定地球形状及其外部重力场，其解为 Stokes 积分。该方法数学表达严格、简单，求解得到的大地水准面物理意义明确，但在实际应用中存在如下缺点：一是作为边界面的大地水准面是未知的；二是地面重力观测值须归算到大地水准面上，必须对地壳密度做假设；三是使用的正高不能精确求得。

为了克服上述不足，1945 年 Molodensky 提出以实际地形表面为边界面的边值问题研究地球的形状及其外部重力场，即 Molodensky 边值问题。Molodensky 边值问题的基本假设是地球是以已知常角速度 $\omega$ 绕固定轴自转的刚体、地球质心为坐标原点、$Z$ 轴与地球自转轴重合。Molodensky 边值问题在理论上属于非线性自由边值问题，其基本的求解方法是转化为线性的固定边值问题。设地面 $S$ 上有一点 $P$，在采用 Taylor 定理进行线性化时

引入似地形面 $\sum$ ，其上有一点 $Q$。点 $P$ 和点 $Q$ 之间存在某种一一对应关系。地面点 $P$ 的异常位和重力异常向量分别为$\begin{cases}\Delta g=g_P-g_Q\\ \Delta W=W_P-W_Q\end{cases}$，地面点 $P$ 按 Taylor 级数在似地形面点 $Q$ 上展开，仅保留线性项有

$$\begin{cases}\boldsymbol{\gamma}_P=\boldsymbol{\gamma}_Q+grad\gamma\cdot\boldsymbol{\xi}+grad\gamma_Q\cdot\boldsymbol{\xi}\\ U_P=U_Q+gradU\cdot\boldsymbol{\xi}+U_Q+\boldsymbol{\gamma}\cdot\boldsymbol{\xi}\end{cases}\tag{2.29}$$

根据扰动位的定义 $T=W-U$ 可得

$$T+\boldsymbol{m}^{\mathrm{T}}gradT=\Delta W+\boldsymbol{m}^{\mathrm{T}}\boldsymbol{\Delta g}\tag{2.30}$$

式中，$\boldsymbol{m}=-\boldsymbol{M}^{-1}\boldsymbol{\gamma}_Q$。式(2.30)即似地形面 $\sum$ 上的 Molodensky 边界条件。

通过地面 $S$ 上的点 $P$ 向椭球面做法线，在此法线上选定一点 $Q$，使得 $U_Q=W_P$，即点 $Q$ 的正常位等于点 $P$ 的实际位，则所有这样的点 $Q$ 构成的面称为似地形面，一般用 $\sum$ 表示。

点 $P$ 的正常高是指与点 $P$ 相对应的点 $Q$ 的椭球高度，一般用$H^*$表示。

点 $P$ 的高程异常是指点 $P$ 的椭球高 $H$ 与其正常高$H^*$之差，即 $\zeta=H-H^*=PQ$，一般用 $\zeta$ 表示(见图 2-3)。

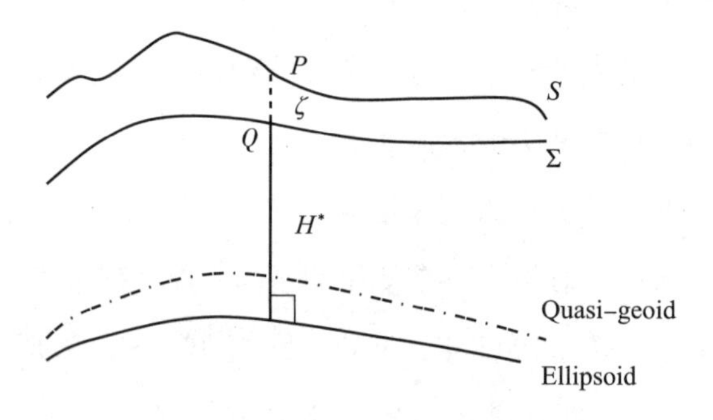


图 2-3　似地形表面示意

球近似下的 Molodensky 边值问题表示为

$$\begin{cases}\Delta T=0\\ \dfrac{T\partial}{\partial r}+\dfrac{2}{r}T=-\Delta g & \left(T\in\sum\right)\\ \Delta g=g_P-\gamma_Q\end{cases}\tag{2.31}$$

实际的 Molodensky 边值问题是在似地形面 $\sum$ 上按照等天顶方向建立的边界条件，由于一般情况下等天顶方向不是 $\sum$ 的法线方向，故 Molodensky 边值问题属于斜向导数问题，比 Stokes 边值问题(法向导数问题)要复杂得多。Molodensky 将 $T$ 表示为似地形面上的单层位，顾及斜向导数与法向导数之间的转换并将边界条件表示为积分方程，最后利用收缩的办法把 $T$ 表示为收敛的幂级数。

将 $Q(Q\in\sum)$ 点的异常位 $T$ 表示为似地形面 $\sum$ 上的单层位$T_Q=\iint_{\Sigma}\dfrac{\varphi}{l}\mathrm{d}\sum$，则有

$$\frac{\partial T_Q}{\partial r_Q}=-2\pi\,\varphi_Q\cos\beta_Q+\iint_{\Sigma}\varphi\,\frac{\partial\,l^{-1}}{\partial\,R_Q}\mathrm{d}\sum\tag{2.32}$$

式中，$\varphi$ 为包含引力常数的 $\sum$ 的单层面密度，$\beta_Q$ 为 $R_Q$ 与其外法线之间的夹角，$l$ 为点 $Q$ 与面元 $\mathrm{d}\sum$ 之间的距离，如图 2-4 所示。

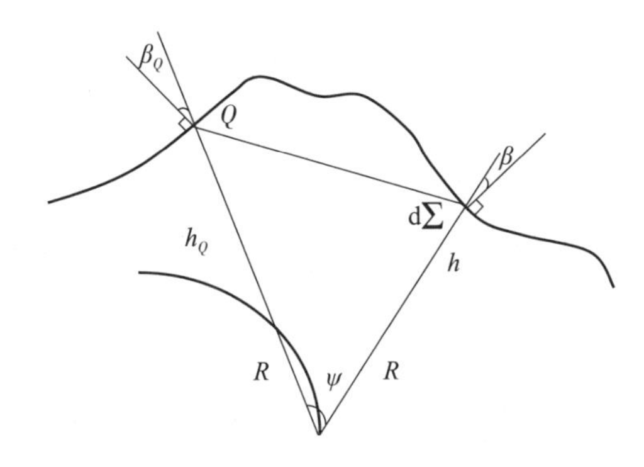


图 2-4　单层位示意图

联合式(2.31)和式(2.32)，顾及 Molodensky 边界条件式(2.29)，应用$k(k\in[0,1])$的幂级数表示有

$$2\pi\chi_n-\frac{3}{2}R\iint_\sigma\frac{\chi_n}{l_0}\mathrm{d}\sigma=G_n \tag{2.33}$$

式中，$\chi_n$ 为$\chi=\varphi\sec\beta$ 的幂级数展开式，其中

$$\begin{cases}G_0=\Delta g\\ G_1=R^2\iint_\sigma\frac{\eta}{l_0^2}\chi_0\mathrm{d}\sigma\\ G_2=R^2\iint_\sigma\frac{\eta}{l_0^2}\chi_1\mathrm{d}\sigma-\frac{3}{4}R\iint_\sigma\frac{\eta^2}{l_0}\chi_0\mathrm{d}\sigma+2\pi\chi_0\tan^2\beta\\ G_3=R^2\iint_\sigma\frac{\eta}{l_0^2}\chi_2\mathrm{d}\sigma-\frac{3}{4}R\iint_\sigma\frac{\eta^2}{l_0}\chi_1\mathrm{d}\sigma-\frac{3}{2}R^2\iint_\sigma\frac{\eta^3}{l_0^2}\chi_0\mathrm{d}\sigma+2\pi\chi_1\tan^2\beta\\ \cdots\end{cases} \tag{2.34}$$

式中，$\eta=\dfrac{h-h_Q}{l_0}$，有 Molodensky 单层位的零阶项和 Stokes 积分表示则有

$$\begin{cases}x_0=\frac{1}{2\pi}G_0+\frac{3}{16\pi^2}\iint_\sigma G_0S(\psi)\mathrm{d}\sigma\\ x_n=\frac{1}{2\pi}G_n+\frac{3}{16\pi^2}\iint_\sigma G_nS(\psi)\mathrm{d}\sigma\end{cases} \tag{2.35}$$

式中，$S(\psi)$为 Stokes 函数，则联合式(2.33)和式(2.34)可得$\chi_n$ 和$G_n(n=0,1,2,\cdots)$。由似地形面扰动位的层面表示及 Molodensky 收缩法有

$$\begin{aligned}T&=\iint_\Sigma\frac{\varphi}{l}\mathrm{d}\Sigma=R^2\iint_\sigma\frac{\chi}{l}\mathrm{d}\sigma=R^2\iint_\sigma\frac{1}{l_0}\left(1+\sum_{r=1}^{\infty}a_r k^{2r}\eta^{2r}\right)\cdot\sum_{n=1}^{\infty}k^n\chi_n\mathrm{d}\sigma\\ &=R^2\iint_\sigma\frac{\chi_0}{l_0}\mathrm{d}\sigma+kR^2\iint_\sigma\frac{\chi_1}{l_0}\mathrm{d}\sigma+k^2R^2\iint_\sigma\frac{1}{l_0}\left(\chi_2-\frac{1}{2}\chi_0\eta^2\right)\mathrm{d}\sigma+\\ &\quad k^3R^2\iint_\sigma\frac{1}{l_0}\left(\chi_3-\frac{1}{2}\chi_1\eta^2\right)\mathrm{d}\sigma+L\end{aligned} \tag{2.36}$$

令

$$\begin{cases} T_0 = \dfrac{R}{4\pi}\iint\limits_{\sigma} G_0 S(\psi)\,\mathrm{d}\sigma \\ T_1 = \dfrac{R}{4\pi}\iint\limits_{\sigma} G_1 S(\psi)\,\mathrm{d}\sigma \\ T_2 = \dfrac{R}{4\pi}\iint\limits_{\sigma} G_2 S(\psi)\,\mathrm{d}\sigma - \dfrac{R^2}{2}\iint\limits_{\sigma} \dfrac{(h-h_Q)^2}{l_0^3}\chi_0\mathrm{d}\sigma \\ T_3 = \dfrac{R}{4\pi}\iint\limits_{\sigma} G_3 S(\psi)\,\mathrm{d}\sigma - \dfrac{R^2}{2}\iint\limits_{\sigma} \dfrac{(h-h_Q)^2}{l_0^3}\mathrm{d}\sigma \\ \cdots \end{cases} \tag{2.37}$$

令 $k=1$，则 $T=T_0+T_1+T_2+T_3+\cdots=\sum\limits_{n=1}^{\infty}T_n$。Molodensky 级数解直接得到的扰动位 $T_Q$ 为似地形面上点 $Q(Q\in\sum)$ 值，但是 Taylor 展开 $T_P=T_Q+gradT\cdot\zeta$，由于 $gradT\cdot\zeta$ 是二阶小量，可以略去，则 $T_P\approx T_Q$。由 Bruns 公式，得到高程异常为

$$\xi_P=\frac{T_P}{\gamma_Q} \tag{2.38}$$

Molodensky 边值问题与 Stokes 边值问题解都是利用扰动位解算其他相关参数，区别在于 Stokes 边值问题是利用大地水准面上的重力异常，而 Molodensky 边值问题是利用地面(或似地形面)上的重力异常。Stokes 边值问题与 Molodensky 边值问题的差异见表 2-3。

表 2-3　Stokes 边值问题与 Molodensky 边值问题的差异

| 差异 | Stokes 边值问题 | Molodensky 边值问题 |
|---|---|---|
| 高程系统 | 正高 $H=\frac{1}{g_m}\int g\mathrm{d}h$<br>参考面：大地水准面<br>大地水准面高 $N$ | 正常高 $H^*=\frac{1}{\gamma_m}\int g\mathrm{d}h$<br>参考面：实际地形表面<br>高程异常 $\xi$ |
| 重力异常 | $\Delta g_S=g_0-\gamma_0$ | $\Delta g_M=g_P-\gamma_Q=g_p-(\gamma_0-0.3086H^*)$ |

### 2.4.4 Bjerhammar 边值问题

在 Stokes 边值问题和 Molodensky 边值问题中，由于法线方向无法精确确定，其边值仍然无法准确描述出来。鉴于此，瑞典学者 Bjerhammar (1964)基于 Runge-Krarup 定理和解析延拓理论，提出一个完全包含在地球内部的圆球——Bjerhammar 圆球，以其表面作为边界面求解地球外部的扰动位，即将 Molodensky 边值问题等价地转换为一个完全包含在地球内部的虚拟球面边值问题。如图 2-4 所示，$\sum$ 为似地形面，其外部空间为 $\Omega$；$S$ 为包含在 $\sum$ 内部的虚拟圆球表面，其外部空间为 $\Omega'$，假设 $\Omega \cap \Omega'$ 无质量。Bjerhammar 通过构造一个球面 $S$ 上的虚拟重力异常场 $\Delta g'$ 作为边值条件，通过 Stokes 积分可以很简单地求得其外部空间为 $\Omega'$ 的重力场，包括在地球外部。其中，球面 $S$ 上的虚拟重力异常场 $\Delta g'$ 的构造是通过地面上满足地面重力异常 $\Delta g$ 向下延拓得到的。由此确定的虚拟球位在地球外部为 Molodensky 边值问题的解。

假定在 Bjerhammar 球面 $S$ 上有连续分布的重力异常 $\Delta g^*$，则其外部空间是以球面 $S$ 为边界的 Robin 外部边值问题：

$$\begin{cases} \Delta T' = 0 & \text{在球面 } S \text{ 外} \\ \dfrac{\partial T'}{\partial r} + \dfrac{2}{r} T' = -\Delta g^* & \text{在球面 } S \text{ 上} \\ \lim\limits_{r \to \infty} T = 0 \end{cases} \tag{2.39}$$

则由 Stokes 积分有球外部扰动 $T'(r, \varphi, \lambda)$ 的解为

$$T' = \frac{R_B}{4\pi} \iint_{\sigma} \Delta g^* S(r, \psi) \, \mathrm{d}\sigma \tag{2.40}$$

因为，$T'(r, \varphi, \lambda)$ 为 Bjerhammar 球外的扰动位，要求它是地球外部的扰动位，则在 Molodensky 边界面上必须满足其边界条件，即

$$\frac{\partial T'}{\partial r} + \frac{2}{r} T' = -\Delta g \qquad \text{在} \sum \text{上} \tag{2.41}$$

把式(2.40)代入式(2.41)即Poisson积分可得

$$\Delta g = \frac{R_B^2}{4\pi r}\iint_\sigma \Delta g^* \left(\frac{r^2 - R_B^2}{l^3}\right) \mathrm{d}\sigma \tag{2.42}$$

式中，$r$为似地形面$\sum$上计算点$Q$的向径。由于似地形面上的$\Delta g$是已知的，通过式(2.42)的求逆求得Bjerhammar球面$S$上的重力异常$\Delta g^*$，即逆Poisson积分，由于Poisson逆算子的封闭公式难以解析表达，通常应用迭代算法或将这一积分方程离散化进行求解。关于逆Poisson积分，许厚泽等(1984)提出了地球外部重力场的虚拟单层密度表示法。

Bjerhammar的虚拟球法是采用迭代过程解积分方程，其级数解的一致收敛性在理论上尚未得到证明。此外，Bjerhammar方法的一个重要假设是虚拟圆球与实际地球之间没有质量，这与实际不符。为了克服Bjerhammar方法的缺点，申文斌(2003)提出引力位虚拟压缩恢复法。将地球表面的引力位$V_{\sum}$(其中，$\sum$表示地球的边界)沿径向等值压缩到地球内部的一个圆球$\Omega$(相当于Bjerhammar球面)面$S$上，利用Poisson积分公式可得到圆球$\Omega$外一阶近似解$V(1)$(它本身是在面$S$之外的调和、正则的函数)；进而构造一阶残差位场$T(1)=V-V(1)$，并将其在实际地球面$\sum$上的一阶近似解$T_{\sum}(1)=V_{\sum}-V_{\sum}(1)$等值压缩到圆球$\Omega$上，同样利用Poisson积分公式可得到圆球$\Omega$外二阶近似解$V(2)$；反复上述步骤，将得到一个在虚拟圆球的外部调和、在无穷远正则的虚拟引力位级数解$V=\sum_{n=1}^{\infty}V(n)$。

Bjerhammar方法是Molodensky理论的新发展，是将解析延拓理论用于求解Molodensky边值问题的方法之一，与Moritz的解析延拓方法在理论上是等价的。这一方法明显的优点是，避开了Molodensky边值问题涉及的复杂的地形表面以及斜向导数问题。由于Bjerhammar球完全埋置在地球内部，故导出的关于虚拟场元的积分方程不存在奇异性，且可以化为普通线性方程求解，在球面上应用广义Stokes公式也显得简单而严格。

## 2.5 本章小结

本章首先介绍了球谐函数的基本概念及其在不同阶次情况下的具体表现，其次展示了球谐函数重力场模型的构成和各重力场参量的球谐函数表达形式，最后对地球重力场模型的分辨率划分、重力场模型位系数误差阶方差和累计误差阶方差及精度做了简要介绍。

# 3

# 径向基函数建模理论

传统的球谐函数重力场表示方法有着应用上的便利性，但由于其全局紧支撑特性，任何一个球谐系数的变化都会引起整个重力场的改变，为了表示高频信号，球谐函数必须展开至足够高的阶次，这对计算机性能提出了严峻的挑战。而径向基函数方法可以弥补球谐函数模型在表示局部重力场方面的不足。因此，本章着重对径向基函数建模的方法做详细讨论。

## 3.1 径向基函数

球面径向基函数，简称径向基函数或基函数（Narcowich & Ward, 1996），是相对于地球向径方向上的局部化对称函数，其函数值大小与两点间的球面角距有关，其突出特点是具有很好的局部化特性，即大部分能量集中于函数的局部区域。图 3-1 绘出了一个空域 Abel-Poisson 球面径向基函数的基本形状。

地球空间中任意一点的球坐标形式可表示为

$$\boldsymbol{x}=r[\cos\varphi\cos\lambda,\ \cos\varphi\sin\lambda,\ \sin\varphi]^{\mathrm{T}}=r\boldsymbol{r} \tag{3.1}$$

式中，$r$ 为向径，$\varphi$ 为纬度，$\lambda$ 为经度，$\boldsymbol{r}$ 为 $\boldsymbol{x}$ 方向上的单位向量。

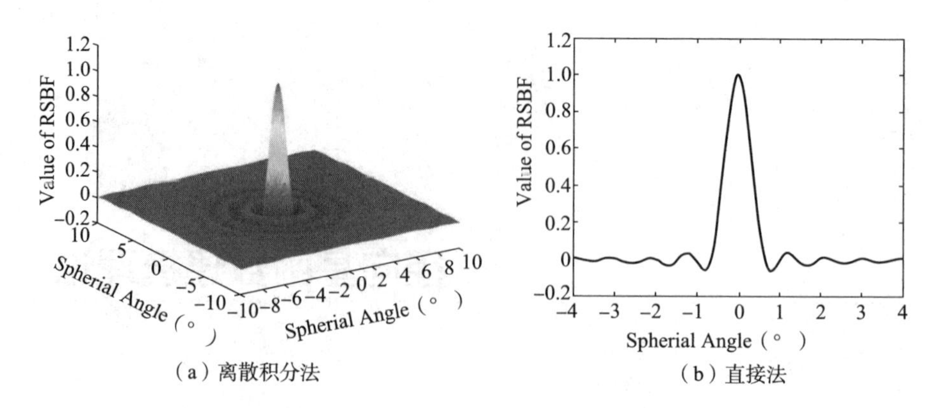


**图 3-1　空域 Abel-Poisson 球面径向基函数**

考虑两个位置向量 $\boldsymbol{x}$、$\boldsymbol{x}_i$，其中，$\boldsymbol{x}$ 位于半径为 $R$(Bjerhammar 球半径)的球面 $\sigma_R$ 上部或外部，$\boldsymbol{x}_i$ 位于球面上，则坐标 $\boldsymbol{x}_i$ 处的径向基函数可表示为

$$\Psi_i(\boldsymbol{x},\ \boldsymbol{x}_i)=\sum_{n=0}^{\infty}k_n\frac{2n+1}{4\pi R^2}\left(\frac{R}{r}\right)^{n+1}P_n(\boldsymbol{r}^{\mathrm{T}}\boldsymbol{r}_i) \tag{3.2}$$

式中，$P_n$ 为勒让德多项式；$\boldsymbol{r}$、$\boldsymbol{r}_i$ 分别为 $\boldsymbol{x}$、$\boldsymbol{x}_i$ 方向上的单位向量；$k_n$ 为基函数核，决定了基函数在频率域内的表现情况(Bentel，2010)。当 $\boldsymbol{x}=\boldsymbol{x}_i$ 时，基函数 $\Psi_i(\boldsymbol{x},\ \boldsymbol{x}_i)$取得最大值(见图 3-1)。

球面外调和函数 $T$ 可以表示为无穷多个径向基函数叠加求和的形式：

$$T(x)=\frac{GM}{R_E}\sum_{i=1}^{\infty}\alpha_i\Psi_i(\boldsymbol{x},\ \boldsymbol{x}_i) \tag{3.3}$$

式中，$\alpha_i$ 为径向基函数系数，其他符号同前。

实际计算中，只有有限数量的径向基函数表示扰动位，即式(3.3)中的“∞”用实际使用的基函数个数 $N_{\max}$ 代替。

## 3.2　径向基函数格网

径向基函数建模，首先必须设置基函数格网。基函数格网除应满足均匀性条件外，格网间距也应根据重力场信号强弱变化灵活做出调整。基函数格网有多种选择，依据分布类型的不同，可分为等经纬度地理格网、Driscoll-Healy 格网、Reuter 格网、其他格网等。

### 3.2.1 等经纬度地理格网

等经纬度地理格网是最简单的基函数格网，即以相等的经纬度间隔构建的球面格网类型。该类格网的优势在于格网生成方式非常简单，格网间距的调整简单、方便；但随着纬度不断增加，经度方向的实际格网间距变得越来越密，会导致过度参数化和数值不稳定的情况发生。因此，等经纬度地理格网应避免在高纬度地区使用。

### 3.2.2 Driscoll-Healy 格网

Driscoll-Healy 格网(Driscoll and Healy, 1994)是为解决积分问题引入的格网类型，各个点的权重都由严密的数学公式求解。它与等经纬度地理格网的分布存在相似之处，但也有明显的区别。例如，在纬线方向(沿平行圈方向)上，其格网点数量与等经纬度地理格网相同，但在经线方向(沿子午线方向)上，其格网点数量为等经纬度地理格网数量的 2 倍。同样地，Driscoll-Healy 格网的缺点在于高纬度地区格网间距分布的不均匀性。

### 3.2.3 Reuter 格网

不同于等经纬度地理格网和 Driscoll-Healy 格网，Reuter 格网(Reuter, 1982)几乎是一种等间距格网类型，不仅可以在全球范围实现良好的均匀分布，而且格网点的生成比较灵活。其最初的设计主要是用于数值积分、估计和样条插值。Reuter 格网的密度由分辨率水平 $L$ 决定，$L$ 越大，格网点间距越小，分布越密。其构建方法如下：

$$
\begin{aligned}
&\theta_0=0,\ \lambda_{01}=0(\text{North Pole})\\
&\Delta\theta=\pi/L\\
&\theta_i=i\Delta\theta,\ 1\leqslant i\leqslant L-1\\
&L_i=2\pi/\arccos[\cos(\Delta\theta-\cos^2\theta_i)/\sin^2\theta_i]\\
&\lambda_{ij}=(j-\frac{1}{2})(\frac{2\pi}{L_i}),\ 1\leqslant j\leqslant L_i\\
&\theta_0=\pi,\ \lambda_{01}=0(\text{South Pole})
\end{aligned}
\tag{3.4}
$$

依据上述方法，分辨率水平为 $L$ 的 Reuter 格网点数约为

$$
N_{\text{Reuter}}\approx 2+\frac{4}{\pi}L^2 \tag{3.5}
$$

Reuter 格网数量从赤道到两极呈逐渐递减的趋势，没有因为靠近极点而出现逐渐变密的情况，并且格网点的实际分布非常均匀。另外，Reuter 格网的优势在于其最佳分辨率水平 $L$ 与重力场信号对应的球谐阶次存在关联，当两者取值比较接近时，得到建模效果往往较好。因此，在利用 Reuter 格网进行重力场建模时，更容易找到与重力场信号相适应的最佳格网分布，减少建模的盲目性。

### 3.2.4 其他格网

除上述三种格网类型外，还有等三角形中心格网、等三角形顶点格网等多种基函数格网类型，它们在生成方式、分布及数量上均有所差别。Eicker(2008)对基函数格网在均匀性、最小距离、灵活性及势能方面的效果做了详细对比，结论是 Reuter 格网和等三角形顶点格网更适合应用于径向基函数局部重力场建模，因此本书后续的基函数格网均采用 Reuter 格网。

## 3.3 径向基函数类型

带限型径向基函数可以在空间域和频率域更灵活地进行调整，本节对其做了进一步详细讨论。带限型径向基函数的表现主要取决于选择的径向基函数核 $k_n$，其兼具频域滤波的特性。$k_n$ 依据表达形式的不同，主要分为 Shannon 核、Blackman 核、三次多项式核和 Abel-Poisson 核等。

### 3.3.1 Shannon 径向基函数

Shannon 核是所有核中形式最简单的基函数核，当球谐阶次小于 $N_{max}$ 时，基函数核取值为 1；当球谐阶次大于 $N_{max}$ 时，基函数核取值为零：

$$k_n = 1\ \forall n \in [0,\ N_{max}] \tag{3.6}$$

Shannon 径向基函数在 $N_{max}$ 取值为 300、400、500 时 $k_n$ 的频谱特征和对应径向基函数的空间形状如图 3-2 所示。从图 3-2 可以看到，Shannon 基函数核在频率域内急剧下降，导致了它在空间域下旁瓣的强烈抖动。球谐阶次越大，径向基函数表现越“细高”，能量越集中于基函数中心。

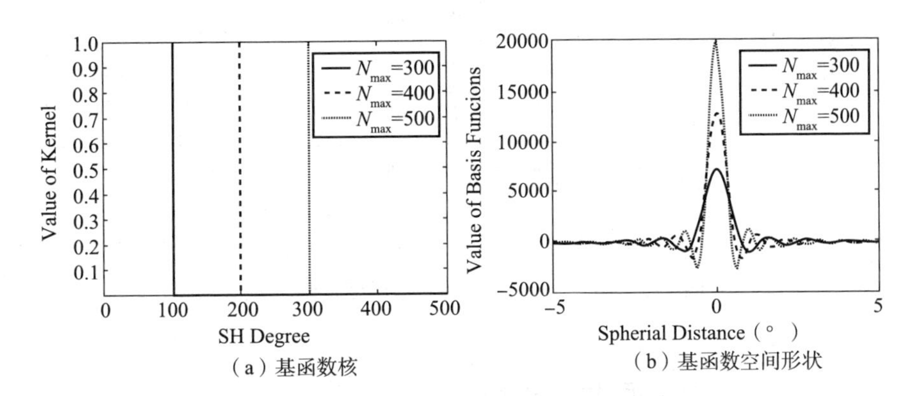


(a) 基函数核　　(b) 基函数空间形状

**图 3-2　Shannon 径向基函数频域及空域表现**

### 3.3.2 Blackman 径向基函数

Blackman 核为 Shannon 核的改进，与前者相比，Blackman 径向基函数核从 1 到 0 之间过渡得更加平滑，显著减小了 Shannon 径向基函数在基函数边缘区域的抖动(旁瓣)。Blackman 核的频谱形状由 $N_1$ 和 $N_2$ 两个球谐阶次共同决定。

$$k_n=\begin{cases}1 & n<N_1\\ [F(n)]^2 & n=N_1,\ \cdots,\ N_2\\ 0 & n>N_2\end{cases} \tag{3.7}$$

$$F(n)=\frac{21}{50}-\frac{1}{2}\cos\left[\frac{2\pi(n-N_2)}{2(N_2-N_1)}\right]+\frac{2}{25}\cos\left[\frac{4\pi(n-N_2)}{2(N_2-N_1)}\right]$$

Blackman 径向基函数在 $N_1=100$，$N_2$ 分别为 300、400 和 500 时的频域和空域表现如图 3-3 所示。从图 3-3 可以看到，在 $N_1$ 一定的情况下，$N_2$ 越大，基函数频谱覆盖范围越广，基函数形状越狭窄，频谱间的过渡和基函数的抖动较 Shannon 基函数(见图 3-2)均有较大改善。

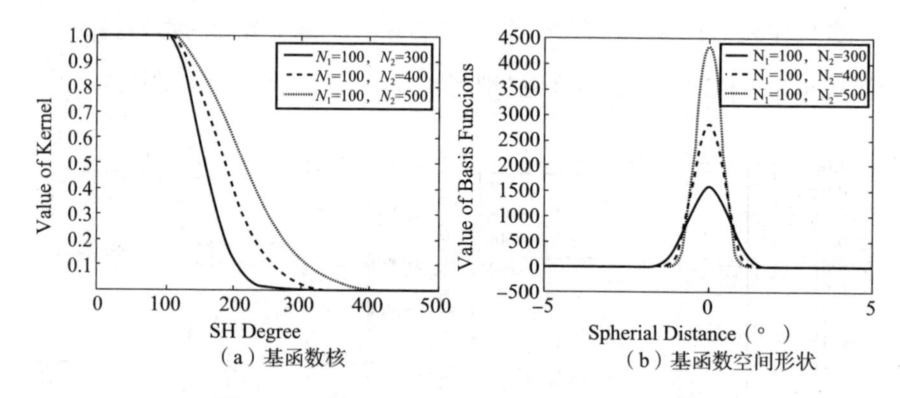


**图 3-3 Blackman 径向基函数频域及空域表现**

### 3.3.3 三次多项式径向基函数

三次多项式径向基函数的空间抖动非常小，其基函数核 $k_n$ 的频谱过渡较 Blackman 核更加平滑，空间局部化特性也更显著，但其频带调整不如 Blackman 核灵活（只能出 $0\sim N_{max}$），具体公式为

$$k_n=\left(1-\frac{n}{N_{max}}\right)^2\left(\frac{2n}{N_{max}}+1\right) \tag{3.8}$$

三次多项式径向基函数在 $N_{max}=300$、$N_{max}=400$ 和 $N_{max}=500$ 时的频域和空域表现如图 3-4 所示。从图 3-4 看到，三次多项式核与 Blackman 核的主要区别在于频谱过渡范围较后者要宽，从 0 到 $N_{max}$ 严格地单调递减，不存在部分阶次恒等于 1 的情况。

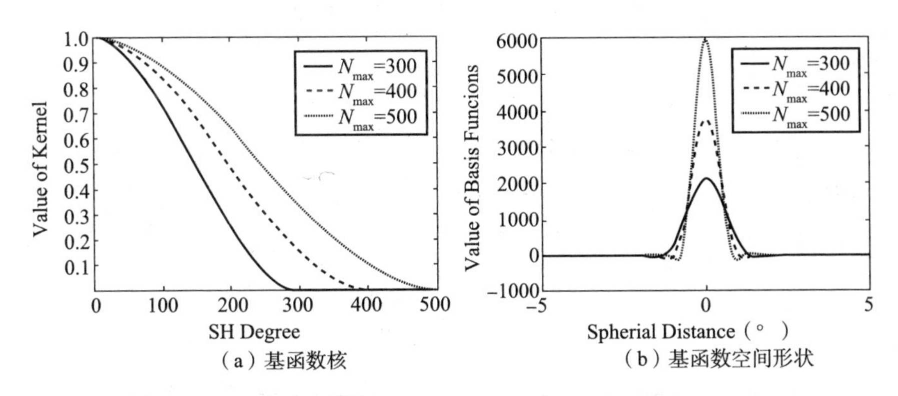


**图 3-4　三次多项式径向基函数频域及空域表现**

## 3.3.4　Abel-Poisson 径向基函数

Abel-Poisson 核为指数函数的形式，基函数核中带有一个带宽因子 $p$，带宽因子 $p$ 和球谐阶次 $n$ 共同影响基函数在空间域和频率域的表现，其具体表达形式为

$$k_n=e^{-np} \tag{3.9}$$

$k_n$ 中，球谐阶次 $n$ 的范围决定了其究竟是带限型的径向基函数还是非带限型的径向基函数。当球谐阶次最大值 $N_{max}$ 取值为 $\infty$ 时，径向基函数为非带限型的。将式(3.9)代入式(3.2)，可得到 Abel-Poisson 径向基函数的闭合表达式(Klees et al.，2008)：

$$\Psi_i(\boldsymbol{x},\ \boldsymbol{x}_i)=\frac{1}{4\pi R}\frac{r^2-l^2}{|r-l|^3} \tag{3.10}$$

式中，$r$ 为基函数向径，$l=e^{-p}$。

而当球谐阶次 $n$ 的最大值 $N_{max}$ 不取 $\infty$ 时，径向基函数为带限型的。带限型径向基函数的优点就在于其灵活的频带调节能力。Abel-Poisson 径向基函数在 $N_{max}$ 分别为 300、400 和 500 时的频谱特征和空间形状如图 3-5 所示。与上述其他类型径向基函数相比，Abel-Poisson 径向基函数在空间域下没有负值出现，且在旁瓣的抖动也小于其他类型的径向基函数，即 Abel-Poisson 径向基函数是列举函数中最平滑的基函数，因而局部化特性最突出。

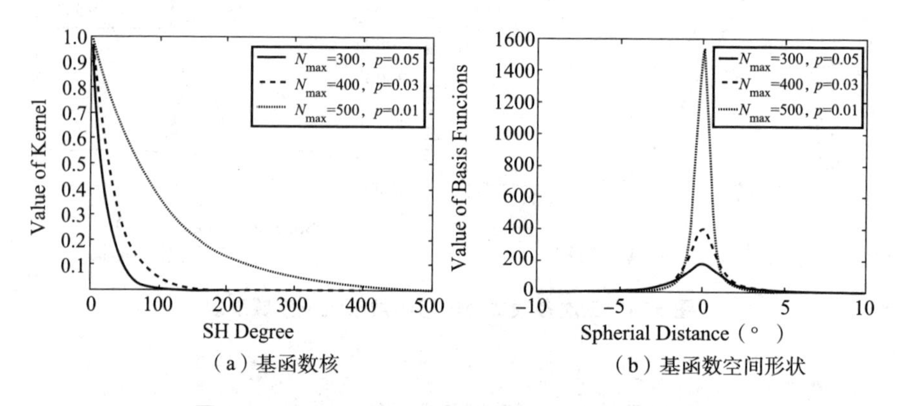

（a）基函数核　（b）基函数空间形状

**图 3-5　Abel-Poisson 径向基函数频域及空域表现**

此外，还有点质量核、径向多极核、Poisson 小波核等多种带限型径向基函数，它们在频率域及空间域下的表现也不尽相同，但有一个共同点：随着球谐阶次的不断增大，径向基函数形状越来越狭窄，越能拟合出高频重力场信息。基于径向基函数在频率域上频谱调节的灵活性及其在空间域上较小的空间抖动和局部化特征等多方面的考虑（Bentel et al.，2013；Wittwer，2007），本书的基函数建模均采用非带限型 Abel-Poisson 径向基函数。

## 3.4 径向基函数表示下的各重力场元

式(3.2)是径向基函数的最基本表示形式，适用于球面及其外部空间的一切信号源。因此，地面上的重力场信号也用径向基函数方法表达。在球近似情况下，扰动重力 $\delta g$、重力异常 $\Delta g$、高程异常 $\zeta$(大地水准面起伏)和垂线偏差 $\xi$、$\eta$ 都与扰动位 $T$ 存在泛函关系，可借助扰动位的径向基函数表达式表示其他重力场参量。

### 3.4.1 扰动重力 $\delta g$

在球近似情况下，扰动重力 $\delta g$ 与扰动位 $T$ 的函数关系为

$$\delta g(\boldsymbol{x})=-\frac{\partial T(\boldsymbol{x})}{\partial|\boldsymbol{x}|}=-\frac{\partial T(\boldsymbol{x})}{\partial r} \tag{3.11}$$

将式(3.2)、式(3.3)代入式(3.11)中，得到

$$\begin{aligned}\delta g(\boldsymbol{x}) &=-\frac{\partial T(\boldsymbol{x})}{\partial r}=-\frac{GM}{R_E}\sum_{i=1}^{N}\alpha_i\frac{\partial \Psi_i(\boldsymbol{x},\boldsymbol{x}_i)}{\partial r}\\ &=\frac{GM}{R_E}\sum_{i=1}^{N}\alpha_i\sum_{n=0}^{\infty}k_n\frac{(n+1)}{r}\frac{(2n+1)}{4\pi R^2}\left(\frac{R}{r}\right)^{n+1}P_n(\boldsymbol{r}^{\mathrm{T}}\boldsymbol{r}_i)\end{aligned} \tag{3.12}$$

若令

$$\Lambda_i(\boldsymbol{x},\boldsymbol{x}_i)=\sum_{n=0}^{\infty}k_n\frac{(n+1)}{r}\frac{(2n+1)}{4\pi R^2}\left(\frac{R}{r}\right)^{n+1}P_n(\boldsymbol{r}^{\mathrm{T}}\boldsymbol{r}_i) \tag{3.13}$$

则式(3.12)可进一步表示为

$$\delta g(\boldsymbol{x})=\frac{GM}{R_E}\sum_{i=1}^{N}\alpha_i\Lambda_i(\boldsymbol{x},\boldsymbol{x}_i) \tag{3.14}$$

式中，$\Lambda_i(\boldsymbol{x},\boldsymbol{x}_i)$可认为是与扰动重力 $\delta g(\boldsymbol{x})$对应的新的径向基函数。因此，扰动重力也可以表示为径向基函数叠加求和的形式，注意到式(3.2)与式(3.14)的基函数系数是相同的。

### 3.4.2 重力异常 $\Delta g$

重力异常与扰动位存在的线性关系为

$$\Delta g(\boldsymbol{x})=-\frac{2}{r}T(\boldsymbol{x})-\frac{\partial T(\boldsymbol{x})}{\partial r} \tag{3.15}$$

同样地，将式(3.2)代入式(3.15)，并令 $\Gamma_i(\boldsymbol{x},\ \boldsymbol{x}_i)$ 为与之对应的基函数，则有

$$\Delta g(\boldsymbol{x})=\frac{GM}{R_E}\sum_{i=1}^{N}\alpha_i\sum_{n=0}^{\infty}k_n\frac{(n-1)}{r}\frac{(2n+1)}{4\pi R^2}\left(\frac{R}{r}\right)^{n+1}$$

$$P_n(\boldsymbol{r}^{\mathrm{T}}\boldsymbol{r}_i)=\frac{GM}{R_E}\sum_{i=1}^{N}\alpha_i\Gamma_i(\boldsymbol{x},\ \boldsymbol{x}_i) \tag{3.16}$$

### 3.4.3 高程异常 $\zeta$

Bruns 公式建立了高程异常(或大地水准面)与扰动位之间的联系：

$$\zeta(\boldsymbol{x})=\frac{T(\boldsymbol{x})}{\gamma(\boldsymbol{x}')} \tag{3.17}$$

式中，$\boldsymbol{x}'$为与 $\boldsymbol{x}$ 对应的似地形面球坐标，$\gamma$ 为正常重力。则径向基函数方法表示下的高程异常为

$$\zeta(\boldsymbol{x})=\frac{GM}{R_E}\sum_{i=1}^{N}\alpha_i\sum_{n=0}^{\infty}k_n\frac{1}{\gamma}\frac{(2n+1)}{4\pi R^2}\left(\frac{R}{r}\right)^{n+1}P_n(\boldsymbol{r}^{\mathrm{T}}\boldsymbol{r}_i)=\frac{GM}{R_E}\sum_{i=1}^{N}\alpha_i\Theta_i(\boldsymbol{x},\ \boldsymbol{x}_i) \tag{3.18}$$

### 3.4.4 垂线偏差 $\xi$、$\eta$

扰动重力、重力异常和高程异常的径向基函数表达式有众多学者进行过讨论，但径向基函数表示下的垂线偏差公式及其建模实践很少见到。因此，本节对垂线偏差的径向基函数表示形式进行了推导，并在下文进行了实际建模应用。

扰动位与垂线偏差分量存在如下函数关系：

$$\xi(x)=-\frac{1}{R\gamma}\frac{\partial T}{\partial \varphi} \tag{3.19}$$

$$\eta(x)=-\frac{1}{R\gamma\cos\varphi}\frac{\partial T}{\partial \lambda} \tag{3.20}$$

式(3.19)和式(3.20)中，$\gamma$ 为正常重力，$\varphi$ 为纬度，$\lambda$ 为经度。

令 $\psi_i$ 为位置向量 $x(r,\ \varphi,\ \lambda)$ 与 $x_i(r_i,\ \varphi_i,\ \lambda_i)$ 之间的球面距，则有

$$\cos\psi_i=\sin\varphi\sin\varphi_i+\cos\varphi\cos\varphi_i\cos(\lambda-\lambda_i) \tag{3.21}$$

将式(3.2)、式(3.3)和式(3.21)分别代入式(3.19)、式(3.20)中，得到

$$\xi=-\frac{GM}{R_E}\sum_{i=1}^{M}\alpha_i\sum_{n=0}^{N}k_n\frac{2n+1}{4\pi R^3\gamma}\left(\frac{R}{r}\right)^{n+1}[\sin\varphi_i\cos\varphi-\sin\varphi\cos\varphi_i(\lambda-\lambda_i)]\frac{\partial P_n(\cos\psi_i)}{\partial\cos\psi_i} \tag{3.22}$$

$$\eta=-\frac{GM}{R_E}\sum_{i=1}^{M}\alpha_i\sum_{n=0}^{N}k_n\frac{2n+1}{4\pi R^3\gamma}\left(\frac{R}{r}\right)^{n+1}[\cos\varphi_i\sin(\lambda_i-\lambda)]\frac{\partial P_n(\cos\psi_i)}{\partial\cos\psi_i} \tag{3.23}$$

下面接着推导$\frac{\partial P_n(\cos\psi_i)}{\partial\cos\psi_i}$，令 $\cos\psi_i=t$，则有

$$P_0(t)=1 \tag{3.24}$$

$$P_1(t)=t \tag{3.25}$$

$$P_2(t)=\frac{3}{2}t^2-\frac{1}{2} \tag{3.26}$$

$$P_n(t)=-\frac{n-1}{n}P_{n-2}(t)+\frac{2n-1}{n}tP_{n-1}(t)\ (n\geqslant 3) \tag{3.27}$$

依次对式(3.24)至式(3.27)求导得

$$\frac{\partial P_0(t)}{\partial t}=0 \tag{3.28}$$

$$\frac{\partial P_1(t)}{\partial t}=1 \tag{3.29}$$

$$\frac{\partial P_2(t)}{\partial t}=3t \tag{3.30}$$

$$\frac{\partial P_n(t)}{\partial t}=\frac{\partial\left[-\frac{n-1}{n}P_{n-2}(t)+\frac{2n-1}{n}tP_{n-1}(t)\right]}{\partial t}$$
$$=-\frac{n-1}{n}\frac{\partial P_{n-2}(t)}{\partial t}+\frac{2n-1}{n}\frac{\partial[tP_{n-1}(t)]}{\partial t}$$
$$=-\frac{n-1}{n}\frac{\partial P_{n-2}(t)}{\partial t}+\frac{2n-1}{n}\left[P_{n-1}(t)+t\frac{\partial P_{n-1}(t)}{\partial t}\right](n\geqslant 3) \tag{3.31}$$

依据式(3.24)至式(3.31)的递推关系可依次求出$\frac{\partial P_n(\cos\psi_i)}{\partial\cos\psi_i}$，将其代入式(3.22)、式(3.23)，并将后半部分用新的径向基函数形式代替，从而得到垂线偏差的径向基函数表达式:

$$\xi(x)=\frac{GM}{R_E}\sum_{i=1}^{N}\alpha_i E_i(\boldsymbol{x},\ \boldsymbol{x}_i) \tag{3.32}$$

$$\eta(x)=\frac{GM}{R_E}\sum_{i=1}^{N}\alpha_i \Omega_i(\boldsymbol{x},\ \boldsymbol{x}_i) \tag{3.33}$$

综上所述，扰动位、扰动重力、重力异常、高程异常(大地水准面)和垂线偏差均可以用径向基函数表示成叠加求和的形式，并且它们具有相同的基函数系数，如

$$y_{RBF}(\mathrm{x})=\sum_{i=1}^{N}\alpha_i A(\boldsymbol{x},\ \boldsymbol{x}_i)+e(\boldsymbol{x}) \tag{3.34}$$

式中，$y_{RBF}(\boldsymbol{x})$为扰动位的泛函，如重力异常或垂线偏差等，$A(\boldsymbol{x},\ \boldsymbol{x}_i)$为径向基函数，$e(\boldsymbol{x})$为观测值建模误差。

这样，若局部地区存在多种类型的观测数据，则可利用式(3.34)共同组成观测方程，联合求解基函数系数。

## 3.5 径向基函数系数的确定

径向基函数系数的求解一般采用最小二乘估计法。假设某局部地区存

在 $I$ 个重力观测值，待求的径向基函数系数个数为 $N(I \geqslant N)$，参照式(3.34)，观测方程的矩阵表示形式为

$$\boldsymbol{y}=\boldsymbol{A\alpha}+\boldsymbol{e} \tag{3.35}$$

式中，$\boldsymbol{A}$ 为 $I\times N$ 维的设计矩阵，$\boldsymbol{\alpha}$ 为 $N\times 1$ 维的待求径向基函数系数，$\boldsymbol{e}$ 为 $I\times 1$ 维的随机误差向量，并服从 $E\{\boldsymbol{e}\}=0$，$D\{\boldsymbol{e}\}=\boldsymbol{C}$。$\boldsymbol{C}$ 为观测误差的方差-协方差矩阵，并有 $\boldsymbol{C}=\sigma^2\boldsymbol{P}^{-1}$。

设 $\boldsymbol{\alpha}$ 的估值为 $\widehat{\boldsymbol{\alpha}}$，则有

$$\boldsymbol{e}=\boldsymbol{A}\widehat{\boldsymbol{\alpha}}-\boldsymbol{y} \tag{3.36}$$

所谓最小二乘估计，就是在下列二次型达到最小值的情况下求 $\widehat{\boldsymbol{\alpha}}$ 的最佳估值，即

$$\boldsymbol{\Phi}(\widehat{\boldsymbol{\alpha}})=\boldsymbol{e}^{\mathrm{T}}\boldsymbol{Pe}=(\boldsymbol{A}\widehat{\boldsymbol{\alpha}}-\boldsymbol{y})^{\mathrm{T}}\boldsymbol{P}(\boldsymbol{A}\widehat{\boldsymbol{\alpha}}-\boldsymbol{y})=\min \tag{3.37}$$

将 $\boldsymbol{\Phi}(\widehat{\boldsymbol{\alpha}})$ 对 $\widehat{\boldsymbol{\alpha}}$ 求自由极值，令其一阶导数为零，得

$$\frac{\partial\boldsymbol{\Phi}(\widehat{\boldsymbol{\alpha}})}{\partial\widehat{\boldsymbol{\alpha}}}=2\boldsymbol{e}^{\mathrm{T}}\boldsymbol{P}\frac{\partial\boldsymbol{e}}{\partial\widehat{\boldsymbol{\alpha}}}=2\boldsymbol{e}^{\mathrm{T}}\boldsymbol{PA}=\boldsymbol{0} \tag{3.38}$$

转置整理，最终求得的基函数系数估值为

$$\widehat{\boldsymbol{\alpha}}=(\boldsymbol{A}^{\mathrm{T}}\boldsymbol{PA})^{-1}\boldsymbol{A}^{\mathrm{T}}\boldsymbol{Py} \tag{3.39}$$

又因为

$$\frac{\partial^2\boldsymbol{\Phi}(\widehat{\boldsymbol{\alpha}})}{\partial\widehat{\boldsymbol{\alpha}}^2}=2\boldsymbol{A}^{\mathrm{T}}\boldsymbol{PA}>\boldsymbol{0} \tag{3.40}$$

所以，$\widehat{\boldsymbol{\alpha}}$ 使得 $\boldsymbol{\Phi}(\widehat{\boldsymbol{\alpha}})$ 达到极小值。

由于卫星数据向下延拓、观测数据分布不均匀、模型过度参数化等原因，式(3.39)的法方程矩阵 $\boldsymbol{A}^{\mathrm{T}}\boldsymbol{PA}$ 往往是病态的，必须寻求使法方程稳定的正则化方法，如吉洪诺夫正则化或截断奇异值法等，将正则化因子加入法方程矩阵中，从而得到径向基函数系数的最佳估值：

$$\widehat{\boldsymbol{\alpha}}=(\boldsymbol{A}^{\mathrm{T}}\boldsymbol{PA}+\beta\boldsymbol{R})^{-1}\boldsymbol{A}^{\mathrm{T}}\boldsymbol{Py} \tag{3.41}$$

式中，$\beta$ 为正则化参数，$\boldsymbol{R}$ 为正则化矩阵。不同的正则化矩阵 $\boldsymbol{R}$ 会影响求解的径向基函数系数的质量（Kusche and Klees，2002；Ditmar et al.，

2003)，但它对结果的影响比较小(Ilk，1993)，因此本书令正则化矩阵 $\boldsymbol{R}=\boldsymbol{I}$。

实际上，由于球谐函数重力场模型在低频部分的精度较高，而径向基函数的局部化特性更适合于高频重力场信号的建模，因此通常是利用移去-恢复方法将低阶项用球谐函数模型移去，而残留的重力场信号用径向基函数表示，此时的重力值称为剩余重力值，则式(3.41)的 $\boldsymbol{y}$ 用剩余重力值替代即可。

## 3.6 数据自适应精化格网算法及改进

径向基函数建模过程中，通常以适当的间隔在研究区域均匀地铺设基函数(如 Reuter 格网)。由于地形和测量方式等的限制，重力观测数据(如地面重力数据、船测重力等)的分布往往是不均匀的，甚至会出现“数据空白区或稀缺区”。在这种情况下，基函数格网与观测值之间便不能取得良好的匹配，无论如何调节基函数格网的间距，都会导致数据过度参数化和法方程矩阵病态的后果。另外，径向基函数建模还受重力场信号变化强度的影响。在开阔海域和平原地区，重力场信号比较平滑，只需要设置少数的径向基函数；而在板块边界和高山地区，重力场信号变化剧烈，相同的基函数格网分布很难拟合这些信号，其结果必然是欠参数化或信号损失。显然，无论是在数据分布的均匀性上，还是在信号变化的强度上，单一的基函数格网都不能取得良好的建模效果，有必要寻求与数据分布、信号变化相适应的基函数格网设计方案。

Klees 等(2008)提出了依赖于观测数据的自适应精化格网算法，该精化格网算法在初始基函数格网的基础上，可以自主地找到重力场信号变化强烈的区域并增加额外的径向基函数。其目的是在捕获更多高频信号的同时减少不适定参数化和数值不稳定性等情况的出现。这种方法得到的精化基函数与初始格网的径向基函数主要有两点区别：一是所有精化基函数的平面位置都与重力观测值重合；二是所有精化基函数都有自己独立的带宽。具体精化过程如下。

①定义初始基函数格网或粗格网，在格网点设置径向基函数，用适当的准则（GCV 准则或 RMS 准则）确定基函数初始基函数格网的平均带宽。

②求解①的最小二乘剩余，从最大剩余值开始，根据原则依次判定观测值所在位置可否设置精化基函数，若可以，则同时确定其最佳带宽。

③每确定一个精化基函数，在局部范围内更新一次观测值剩余，接着查找下一个精化基函数位置，直至筛选不出满足条件的径向基函数为止。该步骤的结果是得到一系列具有独立带宽和位置的精化基函数。

④将①中的初始粗格网基函数和③中的精化基函数结合起来，作为对局部重力场信号的完全参数化，最后利用所有观测数据，共同求解基函数系数。

步骤①中初始基函数格网可选 Reuter 格网，其设置主要是为了加快计算效率，其格网间距经验上不应超过观测值平均间距的 50%，否则可能会导致过度参数化。另外，初始基函数格网设置是否恰当，可以在精化局部格网时检验出来。例如，如果筛选不出任何精化基函数，意味着初始基函数格网间距设置过密，则需要重新选择一个更粗糙的基函数格网进行精化；反之，如果筛选出精化基函数数量过多，意味着初始基函数格网间距设置过大，则需要减小该格网间隔。

步骤②中判定球面上任一点能否设置精化基函数的原则是：

a. 待定径向基函数所在位置的观测值剩余应大于一定的阈值 $\tau_1$；

b. 待定径向基函数的周围（半径为 $\psi_c$ 的球盖）应至少存在 $q$ 个足够大的观测值剩余，足够大意味着 $q$ 个点的平均值大于另一阈值 $\tau_2$；

c. 新增加的基函数点与已有的基函数点之间应大于一定的距离（$\psi_{\min}$）。

上述三个原则主要用于防止精化径向基函数对重力场信号的过度参

数化，$\tau_1$ 应根据观测值的噪声水平进行设置，避免将噪声误当作有用信号传递至基函数模型中；$\tau_2$ 主要是用于剔除观测值中的粗差或孤点；$\psi_{\min}$控制精化基函数的离散程度，使其不过于集中，减小建模时法方程的不稳定性。$\tau_1$、$\tau_2$、$\psi_c$、$q$、$\psi_{\min}$通常在试验中尝试确定。一般地，$\tau_1$、$\tau_2$要足够小，依据 $q$ 和数据分辨率可确定 $\psi_c$，$\psi_{\min}$不大于初始粗格网间距。

数据自适应精化格网算法的流程如图 3-6 所示。

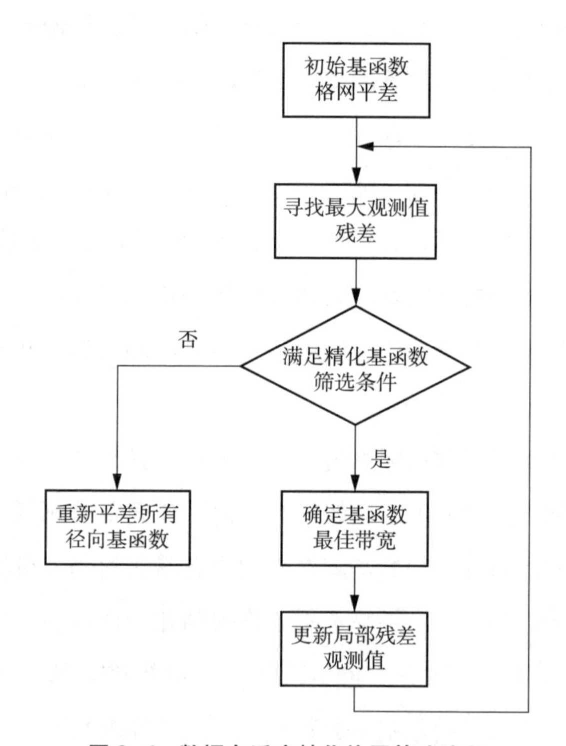


**图 3-6　数据自适应精化格网算法流程**

数据自适应精化格网算法的另一个关键因素是如何确定基函数的带宽，步骤①和步骤②均有提及(初始粗格网平均带宽和精化基函数独立带宽)。基函数带宽的确定可采用 GCV 准则(Golub et al. , 1979)，另外，为了加快计算效率，本书提出了最小均方根误差准则 RMS 准则(马志伟等，2016)。

GCV 准则的实施步骤如下：

a. 先不考虑观测值 $y_k$，将其余观测量组成观测方程，利用最小二乘估计法计算基函数系数 $\widehat{\boldsymbol{\alpha}}^{(k)}$，此时的 $\widehat{\boldsymbol{\alpha}}^{(k)}$ 依赖于径向基函数的当前带宽，即 $\widehat{\boldsymbol{\alpha}}^{(k)}=\widehat{\boldsymbol{\alpha}}^{(k)}(p)$。

b. 利用步骤①求解出的 $\widehat{\boldsymbol{\alpha}}^{(k)}$ 预测缺省观测值 $y_k$，并计算观测值与预测值之间的不符值。

c. 对所有观测值都重复步骤①、步骤②，最佳带宽即为所有不符值均值最小时对应的带宽。

$$p_{GCV}=\arg\min\left\{\sum_{i=1}^{I}\frac{I[y_i(p)-y_i]^2}{[trace(\boldsymbol{I}-\boldsymbol{Q}_p)]^2}\right\} \tag{3.42}$$

式中，$\boldsymbol{Q}_p$ 为影响矩阵，满足 $\widehat{\boldsymbol{A\alpha}}=\boldsymbol{Q}_p\boldsymbol{I}$。

本书提出的 RMS 准则实施步骤如下：

a. 根据数据频谱信息，估计带宽 $p$ 的变化范围，并指定适当的步距变化。

b. 对每个带宽 $p$，建立观测方程，反算基函数系数 $\widehat{\boldsymbol{\alpha}}$，并计算残差 RMS。

c. 最小 RMS 残差对应的带宽即为基函数格网的最佳带宽。

$$bp_{\mathrm{RMS}}=\arg\min\left(\sqrt{\frac{1}{n}\|\widehat{\boldsymbol{A\alpha}}-\boldsymbol{y}\|^2}\right) \tag{3.43}$$

RMS 准则和 GCV 准则都能确定比较接近的最佳带宽，但在数据量较大的情况下，RMS 准则比 GCV 收敛速度要快。表 3-1 展示了用 EGM2008 模拟重力异常数据在南海地区基函数建模时两种准则下最佳带宽的对比情况。结果显示：两者得到的最佳带宽基本一致，但是在运算时间上 RMS 准则明显少于 GCV 准则。

需要说明的是，RMS 准则相对于 GCV 准则的改进只是在确定基函数最佳带宽的方式上，因为减少了计算的循环次数，在计算速度上有很大提高，但在精度方面，由于两者筛选结果基本一致，所得精度也极为相近。

表 3-1　RMS 准则和 GCV 准则确定最佳带宽的运算时间和最佳 $p$ 值的比较

| D/O | N. obs | RMS | | GCV | |
|---|---|---|---|---|---|
| | | Opt. p | time(s) | Opt. p | time(s) |
| 300 | 609 | 0. 040~0. 060 | 69 | 0. 040~0. 055 | 1768 |
| 400 | 1862 | 0. 017~0. 019 | 137 | 0. 018~0. 020 | 3956 |
| 500 | 3657 | 0. 015~0. 018 | 994 | 0. 016~0. 018 | 13485 |

注：D/O 代表数据阶次，N. obs 为观测值个数，Opt. p 为最佳带宽。

## 3.7　多尺度建模理论

### 3.7.1　多尺度分析基本理论

地面上只有局部地区可能存在高频重力数据，其他地区的信号相对比较平滑。当数据分布不均匀，尤其是存在数据空白区时，仅利用全局紧支撑函数(球谐函数)是不现实的。多尺度建模理论为上述问题提供了很好的解决途径。

多尺度表示，又称多分辨率表示，其基本思想是通过逐次滤波，将输入信号逐步分解为一个平滑信号和若干个细节信号，这个不断得到不同尺度上的一系列估值信号的过程被称为多尺度分析(M. Schmidt et al., 2006)。多尺度分析可以将重力测量值分解为不同频段(尺度)下的重力场信号，可借助这种“窥测”不同频段上的重力场信息的能力探测地幔羽、火山热点等特殊的地球物理现象。

重力场信号具有多尺度特征。实际上，对地球重力场的认识就是一个不断从粗略到精细的多分辨分析过程(宁津生等，2004)。基于上述多尺度分析思想，重力场信号可表示为

$$T(\boldsymbol{x}) = T_{j_0}(\boldsymbol{x}) + \sum_{j=j_0}^{J} G_j(\boldsymbol{x}) + \Delta T_{J+1}(\boldsymbol{x}) \tag{3.44}$$

式中，$j$ 为尺度，$j=j_0$，…，$J$；$T(\boldsymbol{x})$ 为重力场泛函，如扰动位等；$T_{j_0}(\boldsymbol{x})$

为 $j_0$ 尺度下的平滑信号；$G_j(\boldsymbol{x})$ 为 $j$ 尺度下的重力场细节信号；$\Delta T_{J+1}$ 为多尺度分析误差。

平滑信号和细节信号可通过特定的基函数与重力场信号的卷积得到。

$$T_{j+1}(\boldsymbol{x}) = (S_{j+1} * T)(\boldsymbol{x}) \tag{3.45}$$

$$G_j(\boldsymbol{x}) = (\Psi_j * T)(\boldsymbol{x}) \tag{3.46}$$

式中，$*$ 为卷积，$S_{j+1}$是与平滑信号 $T_{j+1}(\boldsymbol{x})$ 对应的径向基函数，称为尺度基函数；$\boldsymbol{\Psi}_j$ 是与细节信号 $G_j(\boldsymbol{x})$ 对应的基函数，称为小波基函数。与其他径向基函数一样，$S_{j+1}$、$\boldsymbol{\Psi}_j$ 也具有良好的局部化特性，其具体表达形式为

$$S_{j+1}(x, x_i) = \sum_{n=0}^{2^{j+1}-1} \varphi_{j+1}(n) \frac{2n+1}{4\pi R^2} \left(\frac{R}{r}\right)^{n+1} P_n(\cos\psi_i) \tag{3.47}$$

$$\Psi_j(x, x_i) = \sum_{n=0}^{2^{j+1}-1} \omega_j(n) \frac{2n+1}{4\pi R^2} \left(\frac{R}{r}\right)^{n+1} P_n(\cos\psi_i) \tag{3.48}$$

式中，$\varphi_{j+1}(n)$、$\omega_j(n)$ 分别为尺度基函数和小波基函数的基函数核，决定了各自径向基函数的频率域表现。

小波基函数核 $\omega_j(n)$ 与尺度基函数核 $\varphi_j(n)$ 存在如下线性关系：

$$\omega_j(n) = \varphi_{j+1}(n) - \varphi_j(n) \tag{3.49}$$

由于带限型径向基函数的类型完全由选择的基函数核决定，而小波基函数核又是由尺度基函数核作差得到的，多尺度分析的径向基函数的类别完全取决于 $\varphi_j(n)$，多尺度分析的效果也会因 $\varphi_j(n)$ 的不同而有所差别。常用的多尺度分析的基函数核有 Smoothed Shannon 核、Blackman 核和 Abel-Poisson 核等。

Smoothed Shannon 核的表示形式为

$$\varphi_j(n) = \begin{cases} 1 & n = 0, \cdots, 2^{j-1}-1 \\ 2-2^{1-j}n & n = 2^{j-1}, \cdots, 2^j-1 \\ 0 & n = 2^j, \cdots, \infty \end{cases} \tag{3.50}$$

Blackman 核的表示形式为

$$\varphi_j(n)=\begin{cases}1 & n=0,\cdots,b^{j-1}-1\\ \left[\frac{21}{50}-\frac{1}{2}\cos\left(\frac{2\pi n_j}{b_j}\right)+\frac{2}{25}\cos\left(\frac{4\pi n_j}{b_j}\right)\right]^2 & n=b^{j-1},\cdots,b^j-1\\ 0 & n=b^j,\cdots,\infty\end{cases} \tag{3.51}$$

式中，$b$ 为正实数，$n_j=n+|b^j|-2|b^{j-1}|$，$b_j=2(b^j-b^{j-1})$。

Abel-Poisson 核的表示形式为

$$\varphi_j(n)=e^{-np/2^j} \tag{3.52}$$

式中，$p$ 为带宽参数，多尺度估计下通常取 $p=0.5$。

不同尺度下的 Abel-Poisson 尺度基函数和小波基函数在空域和频域的表现情况如图 3-7 所示。

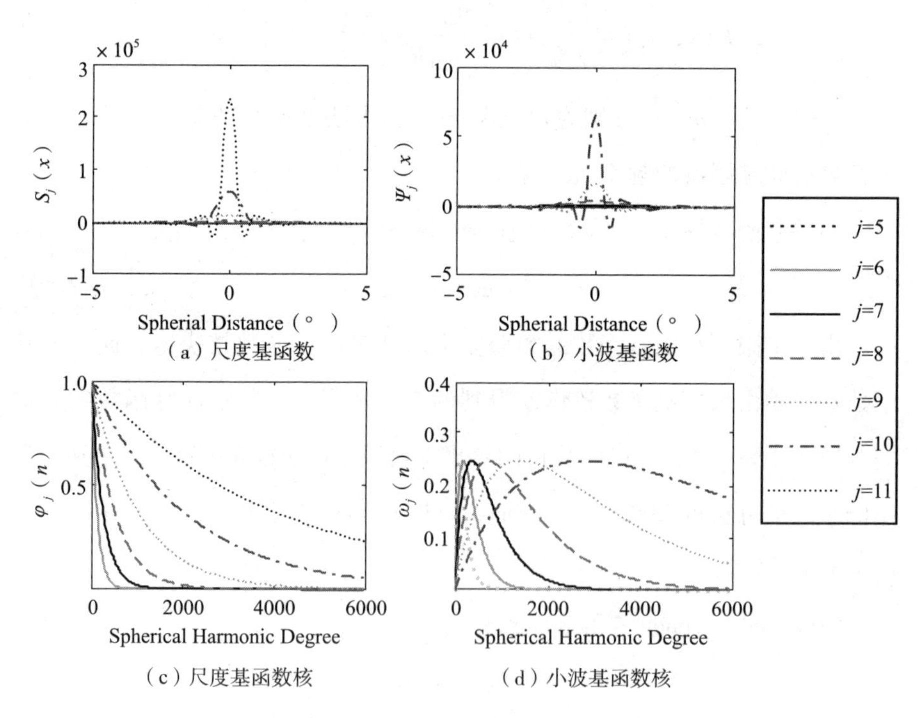


**图 3-7　不同尺度下 Abel-Poisson 基函数在空域和频域的表现**

由图 3-7(a)、图 3-7(b) 可以看出，Abel-Poisson 基函数确实具有良好的空间局部化特性，尺度越大，基函数形状越狭窄，能量越集中。由图

3-7(c)、图 3-7(d)可以看出，尺度越大，核函数覆盖的频率范围越广，越能分解高阶次高分辨率的重力场信号；在相同尺度上，尺度核函数 $\varphi_j(n)$ 主要覆盖低频信息，而小波核函数 $\omega_j(n)$ 除覆盖低频部分外，还包含一定范围的高频信息。例如，在 $j=7$ 的尺度上，尺度核函数 $\varphi_7(n)>0$ 的频率范围为 $0\leqslant n<1000$，而小波核函数 $\omega_7(n)>0$ 的频率覆盖范围为 $0\leqslant n<2800$，小波核函数 $\omega_7(n)$ 主要包含了尺度核函数 $\varphi_7(n)$ 没有的部分高频信息($1000\leqslant n<2800$)。因此，小波基函数可以提取重力场信号的高频信息，而尺度基函数只能提取低频重力场信息，将两者结合起来，便可实现对重力场信号的多尺度分解。

对于满足可容许条件的基函数格网点系统(Schreiner，1999；Driscoll and Healy，1994)，式(3.45)、式(3.46)可进一步离散化表示为

$$(H_j * T)(\boldsymbol{x}) = \int_{\Omega} T(\boldsymbol{y}) H_j(\psi_{\boldsymbol{xy}}) \mathrm{d}\omega(\boldsymbol{y}) = \sum_{k=1}^{M_j} \omega_k^j T(y_k^j) H_j(\psi_{xy_k}^j) \tag{3.53}$$

式中，$H_j$ 为尺度基函数或小波基函数，$\psi_{\boldsymbol{xy}}$ 为球面角距，$M_j$ 为尺度 $j$ 的基函数格网点总数，$T(y_k^j)$ 为 $j$ 尺度下的重力场值，$\boldsymbol{y}$ 为基函数格网点坐标，$\omega$ 为积分权重。

令

$$\alpha_k^j = \omega_k^j T(y_k^j) \tag{3.54}$$

则 $\alpha_k^j$ 为待求的基函数系数。在基函数和格网类型确定的情况下，不同尺度下的尺度基函数和小波基函数都能轻松得到，若能求出各尺度上的基函数系数 $\alpha_k^j$，就可得到对应尺度上的平滑信号 $T_{j+1}(\boldsymbol{x})$ 和细节信号 $G_j(\boldsymbol{x})$，进而完成多尺度分解过程。因此，多尺度分析的关键是如何求解各尺度基函数系数。

### 3.7.2 多尺度分析离散积分法

离散积分法是最通常采用的径向基函数多尺度分析方法。它的基本思想是先通过积分离散化求解出最高尺度上的基函数系数 $\boldsymbol{\alpha}_J$，然后依据尺度间的递推关系，依次求解其余尺度上的基函数系数(Freeden，1996；

Schreiner，1999)。

最高尺度的重力场参量 $T(y_k^J)$ 为原始重力观测值，因此不难得到该尺度上的基函数系数：

$$\boldsymbol{\alpha}_J = \boldsymbol{W}_J T_J(\boldsymbol{y}) \tag{3.55}$$

另外，相邻尺度之间还存在如式(3.56)的递推关系(Schreiner，1999)：

$$\boldsymbol{\alpha}_{j-1} = \boldsymbol{W}_{j-1}\boldsymbol{K}_j\boldsymbol{\alpha}_j \tag{3.56}$$

式中，$\boldsymbol{K}_j$ 是维数为 $N_{j-1}\times N_j$ 的转换矩阵，$\boldsymbol{W}_{j-1}=\mathrm{diag}\{w_{j-1}^1,\ w_{j-1}^2,\ \cdots,\ w_{j-1}^{N_{j-1}}\}$ 是 $N_{j-1}\times N_{j-1}$ 维的积分权阵(Schmidt et al.，2007)。

依据式(3.55)和式(3.56)，所有尺度上的基函数系数可依次求解。但是，不同的基函数格网点系统的定权策略不尽相同。

Driscoll-Healy 格网的权(Schmidt et al.，2007)估计公式为

$$w_D^j \approx \frac{2\pi}{L_j^2}\sin\left(\frac{(90+\varphi)\pi}{180}\right)\sum_{m=0}^{L_j-1}\frac{1}{2m+1}\sin\left(\frac{(2m+1)(90+\varphi)\pi}{180}\right) \tag{3.57}$$

式中，$L_j$ 为格网密度参数，$\varphi$ 为格网点的纬度。

Reuter 格网的权(Freeden，1999)估计公式为

$$w_R^j \approx \frac{4\pi}{M_j} \tag{3.58}$$

这样，依据式(3.55)至式(3.58)，先求出各基函数系数 $\boldsymbol{\alpha}_j$，再代入式(3.59)、式(3.60)中，便可计算出各尺度的平滑信号和细节信号：

$$T_{j+1}(\boldsymbol{x}) = \boldsymbol{S}_{j+1}^{\mathrm{T}}\boldsymbol{\alpha}_j \tag{3.59}$$

$$G_j(\boldsymbol{x}) = \boldsymbol{\Psi}_j^{\mathrm{T}}\boldsymbol{\alpha}_j \tag{3.60}$$

### 3.7.3 多尺度分析直接法

多尺度分析离散积分法自提出以来，因其求解系数方便直观，得到了广泛的应用。但是，由于它是对球面积分的近似估计，分解后得到的各尺度信号(细节信号和平滑信号)会出现信号损失(以下统称信号泄露)，致使

最后所得的重构信号与输入重力场信号之间有较大差异。因此，为了减弱信号泄露，有必要寻求新的解算方法。

本书提出了一种新的多尺度分析方法，它是在最小二乘法和方差分量估计法的基础上，对每一尺度的基函数系数直接进行求解，在保证每个相邻尺度上的分解误差都尽可能小的情况下，对重力场信号实现多尺度分析，简称多尺度分析直接法或直接法。它的主要依据是式(3.59)、式(3.60)中相邻尺度的平滑信号和细节信号具有相同的基函数系数，以及式(3.61)中相邻尺度间的信号分解关系(Schmidt et al.，2005)：

$$T_j(\boldsymbol{x})=T_{j+1}(\boldsymbol{x})-G_j(\boldsymbol{x}) \tag{3.61}$$

和离散积分法一样，直接法也使用逆递推法，先从最高尺度($j=J$)起算，主要计算步骤如下。

①由重力信号 $T_{j+1}$，利用最小二乘法求解出 $\boldsymbol{\alpha}_j$：

$$\boldsymbol{\alpha}_j=(\boldsymbol{S}_{j+1}^{\mathrm{T}}\boldsymbol{P}_{j+1}\boldsymbol{S}_{j+1}+\beta\boldsymbol{I})^{-1}\boldsymbol{S}_{j+1}^{\mathrm{T}}\boldsymbol{P}_{j+1}\boldsymbol{T}_{j+1} \tag{3.62}$$

式中，$\boldsymbol{P}_{j+1}$为平滑信号 $\boldsymbol{S}_{j+1}$的权重，$\beta$ 为正则化因子。

②利用式(3.60)和基函数系数 $\boldsymbol{\alpha}_j$ 求解细节信号 $G_j(\boldsymbol{x})$。

③利用式(3.61)作差求解平滑信号 $T_j(\boldsymbol{x})$。

④降低尺度，重复步骤①、步骤②、步骤③直到求解至最低尺度 $j_0$。

利用离散积分法和直接法进行多尺度分析的计算流程差异见图 3-8。图 3-8(a)为离散积分法，其基函数系数 $\boldsymbol{\alpha}_j$、平滑信号 $T_j$ 和细节信号 $G_j$ 的求解“平行”进行。每一尺度上都是先求解出基函数系数 $\boldsymbol{\alpha}_j$，再依据该系数求出平滑信号 $T_j$ 和细节信号 $G_j$，最后将所有的细节信号和最低尺度的平滑信号相加，即为重构信号 $\widehat{T}$。图 3-8(b)为直接法，基函数系数 $\boldsymbol{\alpha}_j$、平滑信号 $T_j$ 和细节信号 $G_j$ 的求解“交叉”进行，三者之间存在密切的依赖关系。每一尺度上都是按基函数系数 $\boldsymbol{\alpha}_j$→细节信号 $G_j$→平滑信号 $T_j$ 的顺序依次求解，求解得到的也是一系列细节信号和最低尺度的平滑信号，彼此相加起来，最后得到重构信号 $\widehat{T}$。

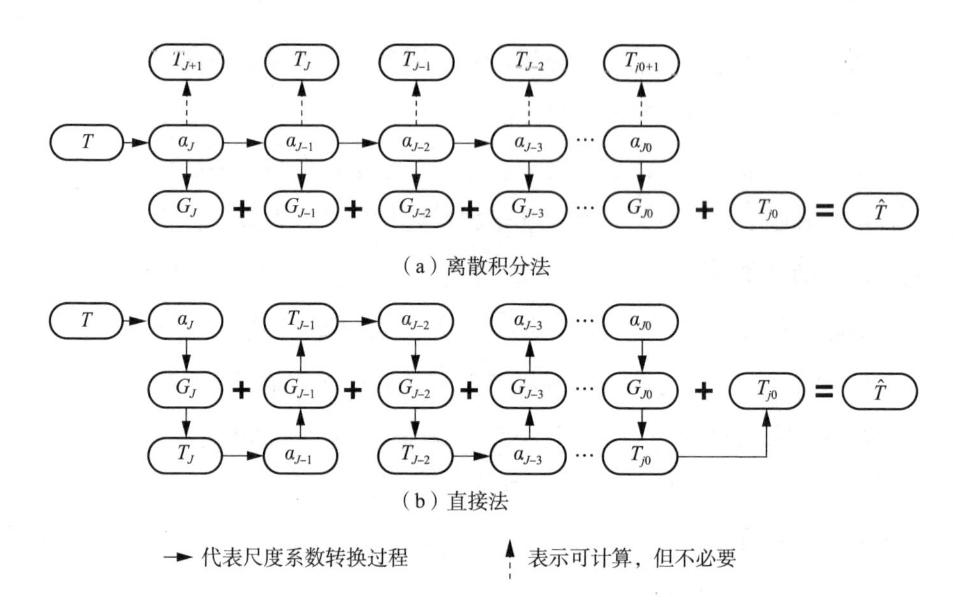


**图 3-8　多尺度分析计算流程**

## 3.8　径向基函数与球谐函数之间的联系

径向基函数与球谐函数存在密切的关联(Wittwer，2007)，重力场元的径向基函数表达式可以等价地转化为球谐函数表示形式。

扰动位的球谐函数表达式式(2.3)可进一步写为式(3.63)：

$$T(x)=\frac{GM}{R_E}\sum_{n=0}^{\infty}\left(\frac{R_E}{r}\right)^{n+1}\sum_{m=-n}^{n}F_{nm}Y_{nm}(x) \tag{3.63}$$

式中，$F_{nm}$为球谐系数(Stokes 系数)，$Y_{nm}$为 Laplace 面谐函数，$F_{nm}$、$Y_{nm}$具体表达形式如下：

$$F_{nm}=\sqrt{4\pi}\begin{cases}\Delta\overline{C}_{nm} & m=0,\ 1,\ 2,\ \cdots,\ n\\ \overline{S}_{n|m|} & m=-n,\ \cdots,\ -2,\ -1\end{cases} \tag{3.64}$$

$$Y_{nm}=\frac{1}{\sqrt{4\pi}}\begin{cases}\overline{P}_{nm}(\cos\theta)\cos m\lambda & m=0,\ 1,\ 2,\ \cdots,\ n\\ \overline{P}_{n|m|}(\cos\theta)\sin|m|\lambda & m=-n,\ \cdots,\ -2,\ -1\end{cases} \tag{3.65}$$

球谐函数的重要特性之一为正交性，即任意两个不等阶次的球谐函数 $Y_{nm}$ 和 $Y_{pq}$ 在球面上的乘积的积分为零，而只有在阶和次都完全相等时其值才为 1：

$$\frac{1}{4\pi R^2}\iint_{\sigma_R} Y_{nm}(\boldsymbol{x})Y_{pq}(\boldsymbol{x})\mathrm{d}\boldsymbol{\sigma}_R = \delta_{np}\delta_{mq} \tag{3.66}$$

式中，$\delta$ 为克罗内克符号，满足

$$\delta_{nm} = \begin{cases} 0 & m \neq n \\ 1 & m = n \end{cases} \tag{3.67}$$

另外，加法原理建立了球谐函数 $Y_{nm}$ 与勒让德多项式 $P_n(\cos\psi_i)$ 之间的联系(Heiskanen and Moritz，1967)：

$$P_n(r^{\mathrm{T}}r_i) = P_n(\cos\psi_i) = \frac{4\pi R^2}{2n+1}\sum_{m=-n}^{n} Y_{nm}(x)Y_{nm}(x_i) \tag{3.68}$$

将式(3.68)代入式(3.2)、式(3.3)可得

$$\begin{aligned} T(x) &= \frac{GM}{R_E}\sum_{i=1}^{N}\alpha_i\sum_{n=0}^{\infty}k_n\frac{2n+1}{4\pi R^2}\left(\frac{R}{r}\right)^{n+1}\left\{\frac{4\pi R^2}{2n+1}\sum_{m=-n}^{n}Y_{nm}(x)Y_{nm}(x_i)\right\} \\ &= \frac{GM}{R_E}\sum_{n=0}^{\infty}\sum_{m=-n}^{n}\left(\frac{R}{r}\right)^{n+1}\sum_{i=1}^{N}\alpha_i k_n Y_{nm}(x_i)Y_{nm}(x) \end{aligned} \tag{3.69}$$

对比式(3.63)和式(3.69)，忽略 $R_E$ 与 $R$ 的区别，可得

$$F_{nm} = \sum_{i=1}^{N}\alpha_i k_n Y_{nm}(x_i) \tag{3.70}$$

式中，$\alpha_i$ 为径向基函数系数，$k_n$ 为径向基函数核函数。式(3.70)即为由径向基函数系数计算球谐函数系数的公式，可进一步写成矩阵形式：

$$\boldsymbol{X}_{SH} = \boldsymbol{B}\boldsymbol{X}_{RBF} \tag{3.71}$$

即

$$\begin{bmatrix} F_{00} \\ \vdots \\ F_{N_{\max}N_{\max}} \end{bmatrix} = \begin{bmatrix} k_0 Y_{00}(\boldsymbol{x}_1) & \cdots & k_0 Y_{00}(\boldsymbol{x}_N) \\ \vdots & \ddots & \vdots \\ k_N Y_{N_{\max}N_{\max}}(\boldsymbol{x}_1) & \cdots & k_N Y_{N_{\max}N_{\max}}(\boldsymbol{x}_N) \end{bmatrix} \cdot \begin{bmatrix} \alpha_1 \\ \vdots \\ \alpha_N \end{bmatrix} \tag{3.72}$$

式中，$N$ 为径向基函数个数，$N_{max}$ 为球谐最大阶次。运用式(3.72)，可在两个方面展开应用：

①可对径向基函数下的重力场模型和球谐函数模型进行详细对比，便于模型参数的发布和保存；

②球谐函数模型发展较早且应用广泛，通过转换，可利用球谐函数的滤波、频谱分析等后处理工具。

## 3.9 本章小结

径向基函数作为局部紧支撑函数，尤其适合表示局部重力场。本章对径向基函数建模理论做了详细介绍。

首先，详细分析了影响径向基函数建模的因素。

①径向基函数格网，介绍了不同格网的分布及特点，如等经纬度地理格网、Driscoll-Healy 格网、Reuter 格网和其他格网等。

②径向基函数类型，着重介绍它们在频率域和空间域的表现，如 Shannon 径向基函数、Blackman 径向基函数和 Abel-Poisson 径向基函数等。

③径向基函数带宽，重点比较和分析了两种确定基函数带宽的准则：GCV 准则和 RMS 准则。结论是 RMS 准则可以达到与 GCV 准则相同的带宽范围，但计算效率大大提高。

其次，阐述了数据自适应精化格网算法的计算流程，解释了筛选精化基函数时设置参数的意义和用途，给出了各精化参数建模时的经验值或范围，并对基函数系数的求解方法——最小二乘法做了简单介绍。

再次，详细说明了多尺度分析方法逼近局部重力场的概念及理论，在对离散积分法简单介绍的基础上，提出了径向基函数多尺度分析的直接法，并给出了详细的操作步骤和计算流程。

最后，就球谐函数和径向基函数之间的数学关系及用途做了说明。

# 4 多源重力数据融合方法

近年来，随着全球重力场数据的不断累积和更新，构建高精度高分辨率重力场模型的需求日益迫切。局部地区可能存在多种测量数据，如地面重力数据、卫星重力数据、测高重力数据等，由于这些数据的采集时间、测量手段和数据处理方式各不相同，它们在数据类型、频谱、分辨率及数据精度等方面存在诸多差异。因此，如何有效地融合各类观测数据，弥补彼此之间的不足，成为目前测绘科学与技术学科领域的重要研究课题。

本章在对现有重力测量技术及其数据特性进行简要介绍的基础上，对最小二乘配置法、最小二乘谱组合法和方差分量估计法等几种比较流行的多源重力数据融合方法及其适用性进行了详细探讨，为下文融合多源数据奠定了理论基础。

## 4.1 多源重力数据概述

重力观测数据作为地球重力场的最直接表现，数据的有效融合必须建立在对重力数据特性充分了解的基础上。重力测量技术由来已久，按照测量手段和平台的不同，重力数据可划分为地面重力数据、卫星重力数据、测高重力数据、航空重力数据和船测重力数据。

### 4.1.1 地面重力数据

地面重力测量技术可谓最古老也是最现代的重力测量技术，依据测量方式的不同，分为绝对重力测量和相对重力测量两种类型。绝对重力测量是基于自由落体运动、在同一点上多次重复测量重力加速度进而求其平均值的测量方式。目前，常用的绝对重力仪有 FG-5、A-10 和 GWR 超导重力仪等。绝对重力仪的精度非常高，可达±1μGal。但由于设备复杂、体积较大、对观测环境敏感、观测时间较长等原因，绝对重力仪不适用于大规模的数据采集工作。

鉴于绝对重力测量实现上较为困难，为提高重力测量的效率，实现更高分辨率的地面重力观测，在绝对重力测量的基础上，人们通常采用相对重力仪完成测量任务。目前的相对重力仪主要有美国Micro-g公司研制生产的 LCR 弹簧重力仪、加拿大研制生产的 CG-5 系列相对重力仪和中国生产的 ZSM-V 型石英弹簧重力仪，测量精度为±2～±10μGal。与绝对重力测量相比，相对重力测量方式更加高效、快捷，而且对环境条件的要求较为宽松，更适用于地质勘探等大规模的数据采集任务。

地面重力数据要经历复杂的归算处理过程方能使用。地面重力测量获取的是地面点的离散重力值，通常需要进行仪器改正、椭球改正、空间改正、大气和地形改正、合适的格网化等才能得到符合建模要求的重力异常值。

另外，不同地区地面重力数据的分辨率差异也较大。例如，我国大陆有 40 多万个实测重力点值(含重复观测点)，这些地面重力数据分辨率偏低且分布不均匀，东部地区平均为 5′×5′，中部地区为 5′×5′至 15′×15′，西部地区为 5′×5′至 1°×1°，此外在新疆、西藏等地区还存在一些重力数据空白区；欧美地区的平均分辨率优于 5′×5′(李建成等，2003)。

### 4.1.2 卫星重力数据

最近几十年，随着CHAMP、GRACE和GOCE三大重力卫星的相继发射和投入使用，利用卫星数据确定地球重力场的研究进入了一个新纪元。CHAMP卫星是由德国研发的高低卫-卫跟踪重力试验卫星，用于测定地球的重力场和磁场(Reigber et al.，1996；许厚泽，2001)。GRACE卫星不仅能提供中低阶波段的静态重力场信息，还能探测重力信号随时间的动态变化，如探测重力场和全球气候变化、研究海水热量交换及陆地水储量变化等(Tapley et al.，2003)。GRACE卫星可以实现全球覆盖，分辨率可达200~300km。GOCE卫星为重力梯度卫星，主要任务是提供具有高空间解析度(100km)和高质量的重力梯度数据，进而显著改善中间波段的重力场模型精度。

三大重力卫星以其高覆盖、高时间分辨率、高精度(中低阶)的特点，极大地丰富了地球重力场的观测技术，对重力场测量技术的发展具有里程碑式的意义。由于卫星轨道高度、观测技术和模式不同，不同重力卫星对地球重力场的波谱敏感度不同，可联合这些数据用于地球重力场反演。

### 4.1.3 测高重力数据

卫星测高技术主要利用卫星上的微波雷达测高仪、辐射计和合成孔径雷达等仪器，实时测量卫星到海面的距离、有效波高和后向散射系数，用于研究大地测量学、地球物理学和海洋学等方面的问题(Sandwell & Smith，1997；Andersen，1995)。卫星测高技术具有获取范围广、全天候、成本低的优势，为研究全球重力场、海底构造和海冰变化等提供了新的途径。利用最小二乘配置、逆Stokes公式和逆Vening-Meinesz公式可以将海面高数据转化为重力异常数据(Sandwell & David，1992；李建成等，2001；Hwang，1998)，进而极大地改变海洋地区的重力测量状况。随着卫星测高技术的发展和资料的积累，海面地形测量精度由米级提高到厘米级，使高精度高分辨率重力场模型的构建成为可能，如在EGM2008模型和EIGEN-6C4模型的构建过程中都采用了大量的卫星测高数据。

目前，卫星测高资料反演的30″×30″格网重力异常的精度优于±4mGal，1°×1°的重力异常的精度优于±5mGal。值得注意的是，由于沿海区域地形、水文情况复杂，雷达回波质量不够好，测高重力数据在这些地区的误差较大。

### 4.1.4 航空重力数据

航空重力测量是以飞机为载体，综合应用重力传感器(加速度计)、GPS、INS(惯性导航系统)、无线电和计算机技术测定近地空中重力扰动的一种测量方式(夏哲仁等，2006)。其在实际操作中以地面基准点为参考进行相对重力测量，与地面重力测量的不同在于测量的是包含惯性加速度和引力加速度在内的比力加速度。

由于测定载体速度和加速度精度的限制，原始的航空重力数据包含大量的高频噪声，必须进行低通滤波处理。此外，由于测量的是空中扰动重力数据，如果应用于重力场研究，则应将这些数据延拓到地面或大地水准面。国内外众多学者对其进行了广泛深入的研究，提出了正则化方法、最小二乘配置法、虚拟点质量法等多种延拓方法。

### 4.1.5 船测重力数据

船测重力测量是利用测量船、潜水艇等水面、水下载体在海洋上进行的重力测量。与航空重力测量一样，船测重力也属于相对重力测量，必须有已知的海洋重力基准点传递绝对重力值并控制和计算重力仪的零漂改正。在利用测量船、潜水艇开展重力测量时，还会受到附加扰动的作用，使得测量值中包含大量的扰动加速度，为此通常将重力仪安置在陀螺稳定平台上，使重力仪尽量不受倾斜和水平扰动加速度的影响。为了满足重力场分辨率的要求，实际测量时一般都将测线布设成网状，同时要测定测点的地理坐标和水深，其目的是在重力测量后进行深度和海深改正。

船测重力的精度相对较高。在良好的导航条件下，近海的观测精度为±1~2mGal，远海的观测精度为±1.5~3mGal，空间分辨率为1~2km。由于船测数据的精度较高，一般常用于检验其他海上重力测量数据。

## 4.2 重力数据的特性

随着高精尖仪器制造技术的突飞猛进，重力测量数据日益丰富，已经形成陆、海、空、天全方位的地球重力场测量体系。除数据类型不同外，它们在频谱特性、分辨率与精度、高度与基准及重力场时变方面的特性也不相同。

### 4.2.1 频谱特性

频谱特性，是指重力场元在不同频段内的能量分布，可用阶方差在不同球谐阶次范围内所占的百分比表示。依据阶方差计算的几种重力场元的频谱特性如表4-1所示。

**表4-1 重力场元的频谱特性**　　单位:%

| 扰动场元 | 不同频段分布(阶数) | | | |
| --- | --- | --- | --- | --- |
| | 2~36阶 | 37~360阶 | 361~3600阶 | 3601~36000阶 |
| 大地水准面 | 99.67 | 0.33 | 0 | 0 |
| 重力异常 | 26.55 | 62.53 | 10.58 | 0.33 |
| 扰动重力 | 43.82 | 48.05 | 7.88 | 0.25 |
| 垂线偏差 | 39.25 | 51.91 | 8.58 | 0.26 |

资料来源：翟振和等(2012)。

由表4-1可以看出，大地水准面在36阶以下的能量占到总能量的99.67%，故主要反映重力场的低频信息，而重力异常、扰动重力和垂线偏差在2~36阶、37~360阶的能量都占有相当的比重(两者相加约占90%)，

361~3600阶有所下降，而3601~36000阶则相对较小，故其主要覆盖中低频的重力场信息。

### 4.2.2 分辨率与精度

重力数据的分辨率与频谱特性相对应，与重力场模型的分辨率一样，依据的都是采样定理。理论上，利用多代卫-卫跟踪观测数据反演的地球重力场模型一般不超过70阶(Schwintzer et al.，1997)，SST和SGG观测数据反演得到的地球重力场模型不超过300阶，它们对应的分辨率比较低，但可以实现全球均匀分布；地面重力数据、船测重力数据的分辨率和精度较高，但分布可能极不均匀，甚至出现数据空白区；测高重力数据的分辨率较高，分布也较均匀，但精度不如地面重力数据和船测重力数据。随着地面、航空和卫星测高观测数据等的不断积累，地球上部分海洋和陆地区域有望获得$2.5'\times2.5'$乃至$1'\times1'$的分辨率的数据。这些数据可为构建高精度、高分辨率的重力场模型提供强有力的数据支撑。

### 4.2.3 高度与基准

由于测量手段不同，重力数据的高度和基准也不尽相同，如航空重力数据的高程一般在3000~6000m，而海洋重力数据(船测重力、测高重力)的高程却接近于零。由式(2.3)可以看出，随着高度(向径$r$)的增加，扰动位场以$\left(\frac{R}{r}\right)^{n+1}$的速率急剧衰减，故不同高度上的重力值差别较大。另外，重力数据可能参考不同的高程基准，如北美高程基准NAD27和NAD83等，不同的基准面可能造成同一点处不同来源重力数据的高程相去甚远。因此，在融合数据之前，应将各种重力数据的参考基准进行统一。

### 4.2.4 重力场时变

地球重力场会随时间推移发生变化，不同时期采集的重力数据除精度不同外，还可能因为时变因素导致彼此之间有所差别。引起重力场时变的因素很多，如冰川消融、水文变化、冰后回弹、地震、火山、大气、海洋等。

## 4.3 移去-恢复技术

移去-恢复技术（Rapp and Rummel，1975；Forsberg and Tscherning，1981）是融合多源重力数据构建局部大地水准面经常采用的处理手段。它将重力场信号分为低频信号、中频信号和高频信号，按移去—转化—恢复三个步骤实施：首先，在测量数据中先移去低频和高频分量；其次，利用剩余（残差）重力数据计算剩余（残差）大地水准面；最后，恢复低频和高频的大地水准面影响。

理论上，为了恢复局部大地水准面的长波部分，需要具有覆盖全球的重力观测值，但这远超出了局部重力数据所在的目标区域范围。解决途径就是进行“移去”处理，即利用可靠的参考地球重力场模型，将区域内重力观测数据的长波分量去掉。

在地形复杂的地区，一方面由于重力数据采集非常困难，只能获取少数点的重力场信息；另一方面由于重力场信号变化剧烈，包含大量的高频或超高频信息。在观测数据严重不足的情况下，目前的重力场建模方法不仅很难捕获这些高频或超高频的重力场信息，而且会造成重力场模型参数求解困难。因此，除移去长波重力场贡献外，还必须采用适当的方法将地形因素（短波分量）的影响扣除。

如果重力场模型的贡献用 $\Delta g_{egm}$ 表示，地形因素引起的重力效应为 $\Delta g_{terr}$，则剩余重力异常 $\Delta g_{res}$ 可表示为

$$\Delta g_{res}=\Delta g-\Delta g_{egm}-\Delta g_{terr} \tag{4.1}$$

参考重力场模型的中低阶信息质量及其截断阶次对于求解高精度的大

地水准面尤为重要。$\Delta g_{egm}$的截断阶次并不是越高越好，因为随着球谐阶次的增加，重力位系数的误差也会不断增大，进而可能引入新的、更大的数据误差，导致最终求得的大地水准面精度变低。

地形因素对重力场的影响可采用残余地形模型(Residual Terrain Model, RTM)计算(Forsberg, 1984)。所谓残余地形，即真实地形面与平均(参考)高程面之间的剩余部分，如图 4-1 所示。真实地形面通常由高分辨率的数字高程模型表示(Digital Elevation Model, DEM)，如 SRTM1 或 SRTM3 等，而平均高程面的分辨率通常与参考重力位模型的分辨率相关，可由高分辨率的 DTM 插值、平滑得到，也可以选取其他低分辨率的 DTM。

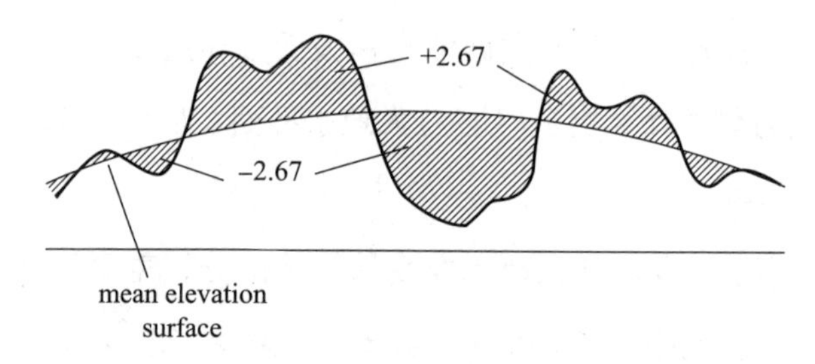


**图 4-1　RTM 及密度异常**

常用的计算 RTM 效应的方法有快速傅里叶变换法、柱状体法和高斯求积法等，其基本依据都是下面的引力计算公式

$$V = G\iiint_{RTM}\frac{\rho dv}{\sqrt{(x-x_p)^2+(y-y_p)^2+(z-h_p)^2}} \tag{4.2}$$

式中，$dv$ 为剩余地形体积元，$\rho$ 为地壳密度，取为 2.67cm/s$^2$，$(x, y, z)$、$(x_p, y_p, h_p)$分别为体积元 $dv$ 和地面上任意一点 $p$ 的坐标。

依据重力场元之间的函数关系和式(4.2)，$p$ 的地形效应引起的大地水准面高和重力异常可依次表示为

$$N_{RTM} = \frac{G\rho}{\gamma}\int_x\int_y\int_{z=h_{ref}}^{z=h_p}\frac{dv}{\sqrt{(x-x_p)^2+(y-y_p)^2+(z-h_p)^2}} \tag{4.3}$$

$$\Delta g_{RTM} = G\rho\int_x\int_y\int_{z=h_{ref}}^{z=h_p}\frac{(z-h_p)dv}{\sqrt{[(x-x_p)^2+(y-y_p)^2+(z-h_p)^2]^{\frac{3}{2}}}} \tag{4.4}$$

式中，$h_{ref}$为点 $p$ 平均参考面的高程。

移去长波和短波后的重力数据将变得更加平滑，更容易被拟合然后转化为大地水准面。利用最小二乘配置法或 Stokes 公式可计算出剩余大地水准面 $N_{res}$

$$N_{res} = \frac{R_E}{4\pi\gamma}\iint_{\sigma_c} S(\psi)\,\Delta g_{res}\,\mathrm{d}\sigma \tag{4.5}$$

式中，$\gamma$ 为正常重力，$\sigma_c$ 表示观测数据所在的局部区域，$S(\psi)$ 为斯托克斯核。

最终，在“恢复”过程中加上模型大地水准面高 $N_{egm}$ 和残余地形大地水准面高 $N_{terr}$ 的贡献，得到全波段的大地水准面起伏信息

$$N = N_{egm} + N_{res} + N_{terr} \tag{4.6}$$

大地水准面高在不同波段范围的表现情况如图 4-2 所示。从图 4-2 看到，$N_{egm}$ 最平滑，主要为地球重力场模型长波信息；$N_{egm}+N_{res}$ 略有起伏；$N_{egm}+N_{res}+N_{terr}$ 最粗糙，为全波段大地水准面。

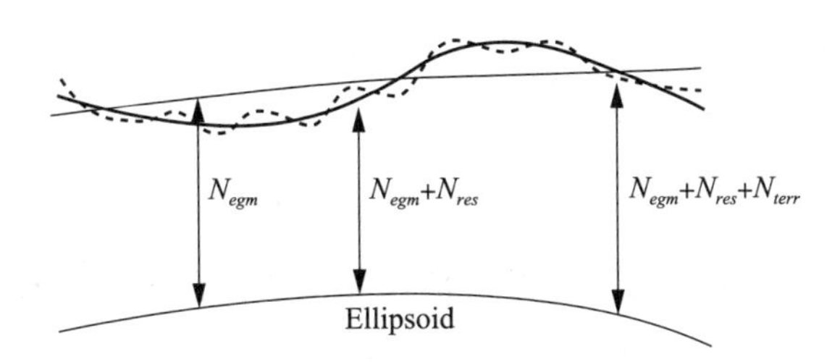


**图 4-2　不同波段范围的大地水准面高**

在某些情况下，如在平原地区或出于计算量的考虑，移去-恢复技术也可忽略地形因素的影响，则

$$\begin{cases} \Delta g_{res} = \Delta g - \Delta g_{egm} \\ N = N_{egm} + N_{res} \end{cases} \tag{4.7}$$

移去-恢复技术在局部大地水准面的建模中得到了广泛应用。然而，扣除长波和短波分量时都含有误差，如果使用不当，则建模效果可能会更差。

## 4.4 最小二乘配置法

最小二乘配置法是由 Moritz 和 Krarup 提出和发展起来的重力场逼近理论。它突出的优势是可综合处理不同类型、不同高度、不同分布的重力场观测数据，进而实现对其他重力场参量的内插、外推或延拓。

所有重力场元都可看成空间平稳随机场的随机量，在考虑观测噪声的情况下，任意重力场观测量 $y$ 都可表示为扰动位的线性泛函

$$y=\boldsymbol{LT}+\boldsymbol{e} \tag{4.8}$$

式中，$\boldsymbol{L}$ 为算子向量，$\boldsymbol{T}$ 为扰动位，$\boldsymbol{e}$ 表示观测噪声。可得最小二乘预估公式

$$\widehat{\boldsymbol{S}}=\boldsymbol{C}_{sy}(\boldsymbol{C}_{yy}+\boldsymbol{D})^{-1}\boldsymbol{y} \tag{4.9}$$

式中，$\widehat{\boldsymbol{S}}$、$\boldsymbol{y}$ 分别为待估信号和观测值；$\boldsymbol{C}_{sy}$ 为待估信号与观测值之间的协方差函数；$\boldsymbol{C}_{yy}$ 为观测量的协方差函数；$\boldsymbol{D}$ 为噪声协方差矩阵，用于计算过程中的滤波和加权。

如果将式(4.9)应用于确定大地水准面，则有

$$\widehat{\boldsymbol{N}}=\boldsymbol{C}_{N,\Delta g}(\boldsymbol{C}_{\Delta g,\Delta g}+\boldsymbol{D}_{\Delta g})^{-1}\Delta\boldsymbol{g} \tag{4.10}$$

式中，$\boldsymbol{C}_{N,\Delta g}$ 为大地水准面与重力异常观测值之间的协方差函数，$\boldsymbol{C}_{\Delta g,\Delta g}$ 为重力异常的协方差函数，$\boldsymbol{D}_{\Delta g}$ 为重力异常误差方差矩阵。

协方差函数提供了信号与信号之间、观测值与观测值之间以及信号与观测值之间的关联，进而可以预测其他未知重力场参量，因此应用最小二乘配置法精确求定大地水准面等重力场参量的关键是确定恰当的协方差函数。

球面外的空间两点($P$, $Q$)扰动位的协方差函数可表示为

$$K(P,\ Q)=\sum_{n=2}^{\infty}\sigma_n\left(\frac{R^2}{rr'}\right)^{n+2}P_n(\cos\psi) \tag{4.11}$$

式中，$r$、$r'$ 分别为 $P$、$Q$ 的地心向径，$\sigma_n$ 为阶方差，根据球谐展开理论并

顾及球谐函数的正交关系，可得

$$\Delta\sigma_n = \sum_{m=0}^{\infty} (\Delta\bar{C}_{nm}^2 + \bar{S}_{nm}^2)\Delta \tag{4.12}$$

重力场的所有参量 $\Delta g$、$\xi$、$\eta$、$N$ 等都可表示为扰动位 $T$ 的泛函，若相应的泛函算子分别用 $L_{\Delta g}$、$L_\xi$、$L_\eta$、$L_N$ 表示，则有

$$L_{\Delta g} = -\frac{\partial}{\partial r} - \frac{2}{r} \tag{4.13}$$

$$L_\xi = -\frac{1}{r\gamma_0}\frac{\partial}{\partial\varphi} \tag{4.14}$$

$$L_\eta = -\frac{1}{r\cos\varphi\gamma_0}\frac{\partial}{\partial\lambda} \tag{4.15}$$

$$L_N = \frac{1}{\gamma_0} \tag{4.16}$$

则依据协方差的传播定律和式(4.13)至式(4.16)，可得以下重力场元之间的协方差和互协方差

$$C_{N,\Delta g} = L_N^P L_{\Delta g}^Q K(P,\ Q) = \frac{1}{\gamma_0}\left(-\frac{\partial K}{\partial r'} - \frac{2}{r'}K\right) \tag{4.17}$$

$$C_{N,\xi} = L_N^P L_\xi^Q K(P,\ Q) = -\frac{1}{\gamma_0^2 r'}\frac{\partial K}{\partial\varphi'} \tag{4.18}$$

$$C_{N,\eta} = L_N^P L_\eta^Q K(P,\ Q) = -\frac{1}{\gamma_0^2 r'\cos\varphi}\frac{\partial K}{\partial\lambda'} \tag{4.19}$$

$$C_{N,N} = L_N^P L_N^Q K(P,\ Q) = \frac{1}{\gamma_0^2}K \tag{4.20}$$

$$C_{\Delta g,\Delta g} = L_N^P L_{\Delta g}^Q K(P,\ Q) = \frac{\partial K^2}{\partial r\partial r'} + \frac{2}{r} + \frac{\partial K}{\partial r} + \frac{4}{rr'}K \tag{4.21}$$

$$C_{\Delta g,\xi} = L_{\Delta g}^P L_\xi^Q K(P,\ Q) = -\frac{1}{\gamma_0}\left(\frac{1}{r'}\frac{\partial^2 K}{\partial r\partial\varphi'} + \frac{2}{rr'}\frac{\partial K}{\partial\varphi'}\right) \tag{4.22}$$

$$C_{\Delta g,\eta} = L_{\Delta g}^P L_\eta^Q K(P,\ Q) = -\frac{1}{\gamma_0}\left(\frac{1}{r'\cos\varphi'}\frac{\partial^2 K}{\partial r\partial\lambda'} + \frac{2}{rr'\cos\varphi}\frac{\partial K}{\partial\lambda'}\right) \tag{4.23}$$

$$C_{\xi,\xi} = L_\xi^P L_\xi^Q K(P,\ Q) = \frac{1}{rr'}\frac{\partial^2 K}{\partial\varphi\partial\varphi'}\frac{1}{\gamma_0^2} \tag{4.24}$$

$$C_{\eta,\eta}=L_{\eta}^{P}L_{\eta}^{Q}K(P,\ Q)=\frac{1}{rr'\cos\varphi\cos\varphi'}\frac{\partial^{2}K}{\partial\lambda\partial\lambda'}\frac{1}{\gamma_{0}^{2}} \tag{4.25}$$

$$C_{\xi,\eta}=L_{\xi}^{P}L_{\eta}^{Q}K(P,\ Q)=\frac{1}{rr'\cos\varphi'}\frac{\partial^{2}K}{\partial\varphi\partial\lambda'}\frac{1}{\gamma_{0}^{2}} \tag{4.26}$$

当已知$K(P,\ Q)$时，可按式(4.17)至式(4.26)计算任意两个信号之间的协方差。由于重力场的观测数据经常是重力异常，因此重力异常协方差式(4.21)尤其重要，习惯用$C(\psi)$表示$C_{\Delta g,\Delta g}$，根据式(4.11)和式(4.21)，不难导出其表达式

$$C(\psi)=\sum_{n=2}^{\infty}C_{n}\left(\frac{R^{2}}{rr'}\right)^{n+2}P_{n}(\cos\psi) \tag{4.27}$$

式中，$C_n$为重力异常阶方差，与$\sigma_n$存在如下关系

$$C_{n}=\left(\frac{n-1}{R}\right)^{2}\sigma_{n} \tag{4.28}$$

式(4.27)就是全球协方差函数模型下的表示形式。但是，当观测数据用于局部地区的重力信号预测时，需要一个与该地区重力数据相适应的局部协方差模型。式(4.11)中涉及高阶次(至无穷)的扰动位阶方差求和，而现有的重力位模型展开式均截断至某一阶次，故高于重力位模型的阶方差常用阶方差模型代替。利用一个低阶位模型系数结合局部重力异常数据拟合得到的阶方差模型为

$$\sigma_{n,model}(T,\ T)=\frac{A}{(n-1)(n-2)(n+B)} \tag{4.29}$$

式中，$A$为待拟合的局部参数，$B=24$。实际应用中的局部重力数据通常为剩余数据，同时顾及参考模型位系数误差对协方差的影响，扰动位的局部协方差表达式可表示为

$$K(P,\ Q)=\sum_{n=2}^{M}\varepsilon_{n}(T,\ T)\left(\frac{R^{2}}{rr'}\right)^{n+2}P_{n}(\cos\psi)+\sum_{n=M+1}^{\infty}\sigma_{n,\ model}(T,\ T)\left(\frac{R^{2}}{rr'}\right)^{n+2}P_{n}(\cos\psi) \tag{4.30}$$

式中，$R$ 为 Bjerhammar 球半径；$\varepsilon_n(T, T)$ 为参考模型误差阶方差的相关量，通过平滑因子 $\beta$ 与位模型误差阶方差联系；$R$、$\beta$ 和 $A$ 均为待估参数。

$$\varepsilon_n(T, T) = \beta \sum_{m=0}^{n} [(\delta_{C_{nm}})^2 + (\delta_{S_{nm}})^2] \tag{4.31}$$

式中，$\delta_{C_{nm}}$ 和 $\delta_{S_{nm}}$ 分别为重力位模型相应阶次位系数的中误差。

利用重力异常输入数据，在经验协方差函数的基础上，按最小二乘配置法分别拟合出平滑因子 $\beta$、$R$ 和 $A$，则局部地区重力场元的方差与协方差均可求得，从而根据式(4.9)求得待估信号值。

需要说明的是，应用最小二乘配置法进行局部重力场建模，必须通过移去-恢复过程。因为，最小二乘配置法处理的随机信号，无论是待推估的还是观测的，都要求重力场信号的期望值为零。如果不进行移去-恢复处理，得到的推估结果将是有偏的(Yi，1995；Hwang，1989)。

## 4.5 最小二乘谱组合法

最小二乘谱组合法又称 Wenzel 方法，其主要原理：设已知一个地球重力场模型 $T_G$ 和多种重力观测数据 $y_k(k=1, 2, \cdots)$，则每一类观测数据都可根据相应的泛函关系 $y_k = L_k T$ 通过调和分析确定一个位模型 $T_k = \sum_{n=2}^{\infty} T_{k,n}$，对 $T_{G,n}$、$T_{k,n}$ 观测谱分量进行加权最小二乘估计得到 $\widehat{T}_n$，最终扰动位的最佳估值可表示为 $\widehat{T} = \sum_{n=2}^{\infty} \widehat{T}_n$。

若已知一个重力场模型，则球面上任何一点的扰动位可表示为

$$\widehat{T}_G = \sum_{n=2}^{N_G} \left(\frac{R_E}{r}\right)^{n+1} \widehat{T}_{G,n} \tag{4.32}$$

式中，$\widehat{T}_{G,n}$ 为 $\widehat{T}_G$ 的 $n$ 阶谱分量。

$$\widehat{T}_{G,n} = \frac{GM}{R_E}\left(\frac{R_E}{r}\right)^{n+1} \sum_{m=0}^{n} (\Delta C_{nm}\cos m\lambda + S_{nm}\sin m\lambda) P_{nm}(\cos\theta) \tag{4.33}$$

若该地球重力场模型是由卫星数据反演得到，则模型的误差包括位系数估计误差和截断误差两个方面，其误差协方差模型可表示为

$$\mathrm{cov}(\widehat{T}_G, \widehat{T}_G) = \sum_{n=2}^{N_G} \varepsilon_n(\widehat{T}_G, \widehat{T}_G)\left(\frac{R_E}{r}\right)^{2n+2} P_n(\cos\psi) + \sum_{n=N_G+1}^{\infty} \sigma_{n,\ model}(T, T)\left(\frac{R_E}{r}\right)^{2n+2} P_n(\cos\psi) \quad (4.34)$$

式中，$\varepsilon_n(\widehat{T}_G, \widehat{T}_G)$为模型 $\widehat{T}_G$ 的误差阶方差。

根据球谐函数的正交性及复杂的推导过程，同样可以得到重力异常和大地水准面的谱分量表达式

$$\widehat{T}_{\Delta g} = \sum_{n=2}^{N_{\Delta g}} \left(\frac{R_E}{r}\right)^{n+1} \widehat{T}_{\Delta g,\ n} \quad (4.35)$$

$$\widehat{T}_N = \sum_{n=2}^{N_N} \left(\frac{R_E}{r}\right)^{n+1} \widehat{T}_{N,\ n} \quad (4.36)$$

式中，$\widehat{T}_{\Delta g,n}$和$\widehat{T}_{N,n}$分别为$\widehat{T}_{\Delta g}$和$\widehat{T}_N$ 的谱分量，它们的误差协方差模型分别为

$$\mathrm{cov}(\varepsilon_{\Delta g}, \varepsilon_{\Delta g}) = \sum_{n=2}^{N\Delta g} \varepsilon_n(\Delta g, \Delta g)\left(\frac{R_E}{r}\right)^{2n+2} P_n(\cos\psi) + \sum_{n=N_{\Delta g}+1}^{\infty} \sigma_{n,\ model}(T, T)\left(\frac{R_E}{r}\right)^{2n+2} P_n(\cos\psi) \quad (4.37)$$

和

$$\mathrm{cov}(\varepsilon_N, \varepsilon_N) = \sum_{n=2}^{N_N} \varepsilon_n(N, N)\left(\frac{R_E}{r}\right)^{2n+2} P_n(\cos\psi) + \sum_{n=N_N+1}^{\infty} \sigma_{n,\ model}(T, T)\left(\frac{R_E}{r}\right)^{2n+2} P_n(\cos\psi) \quad (4.38)$$

式中，$\varepsilon_n(\Delta g, \Delta g)$和$\varepsilon_n(N, N)$分别为重力异常和大地水准面起伏的误差阶方差，其他符号的意义同前。

如果得到了三类数据的谱分量 $\widehat{T}_{G,n}$、$\widehat{T}_{\Delta g,n}$和 $\widehat{T}_{N,n}$和相应的误差协方差模型，接下来的问题就可以归结为一个普通的最小二乘平差问题，即根据已知的误差协方差模型对各谱分量分别进行赋权，并求解组合谱分量的最

小二乘解。

$$\widehat{T} = \sum_{n=2}^{N_{\max}} \left(\frac{R_E}{r}\right)^{n+1} \widehat{\boldsymbol{T}}_n = \sum_{n=2}^{N_{\max}} \left(\frac{R_E}{r}\right)^{n+1} \boldsymbol{P}_n^{\mathrm{T}} \widehat{\boldsymbol{T}}_n \tag{4.39}$$

式中，$\boldsymbol{P}_n$ 为 $n$ 阶谱权向量，$\widehat{\boldsymbol{T}}_n$ 为由不同数据估计的 $n$ 阶谱分量向量。应用残差平方和最小条件，可确定谱权向量为

$$\boldsymbol{P}_n^{\mathrm{T}} = (\boldsymbol{E}^{\mathrm{T}} \sum\nolimits_n^{-1} \boldsymbol{E})^{-1} \cdot \boldsymbol{E}^{\mathrm{T}} \sum\nolimits_n^{-1} \tag{4.40}$$

式中，$\sum_n$ 为 $n$ 阶谱分量的误差协方差矩阵，$\boldsymbol{E}$ 为单位向量。

谱分量组合最小二乘解的精度，可用以下误差协方差函数表示

$$\begin{aligned} \mathrm{cov}(\boldsymbol{\varepsilon}_{\widehat{T}}, \boldsymbol{\varepsilon}_{\widehat{T}}) &= \sum_{n=2}^{N_{\max}} \boldsymbol{\varepsilon}_n(\widehat{T}, \widehat{T}) \left(\frac{R_E}{r}\right)^{2n+2} P_n(\cos\psi) \\ &= \sum_{n=N_{\max}+1}^{\infty} \boldsymbol{\sigma}_{n,\ model}(T, T) \left(\frac{R_E}{r}\right)^{2n+2} P_n(\cos\psi) \end{aligned} \tag{4.41}$$

式中

$$\boldsymbol{\varepsilon}_n(\widehat{T}, \widehat{T}) = \boldsymbol{P}_n^{\mathrm{T}} \sum\nolimits_n \boldsymbol{P}_n + (1 - \boldsymbol{E}^{\mathrm{T}} \boldsymbol{P}_n)^2 \boldsymbol{\varepsilon}_n(T, T) \tag{4.42}$$

另外，为了计算方便，实际上可将$\widehat{T}_n$ 分成三项分别计算

$$\widehat{T}_n = \boldsymbol{P}_n^{\mathrm{T}} \widehat{\boldsymbol{T}}_n = P_{G,n} \widehat{T}_{G,n} + P_{\Delta g,n} \widehat{T}_{\Delta g,n} + P_{N,n} \widehat{T}_{N,n} \tag{4.43}$$

将式(4.43)再次代入式(4.39)，可得

$$\widehat{T} = \sum_{n=2}^{N_G} \left(\frac{R_E}{r}\right)^{n+1} P_{G,\ n} \widehat{T}_{G,\ n} + \sum_{n=2}^{N_{\Delta g}} \left(\frac{R_E}{r}\right)^{n+1} P_{\Delta g,\ n} \widehat{T}_{\Delta g,\ n} + \sum_{n=2}^{N_N} \left(\frac{R_E}{r}\right)^{n+1} P_{N,\ n} \widehat{T}_{N,\ n} \tag{4.44}$$

根据 Bruns 公式，最终得到的融合大地水准面为

$$\widehat{N} = \widehat{N}_G + \widehat{N}_{\Delta g} + \widehat{N}_N \tag{4.45}$$

最小二乘谱组合法是解析法和统计估计法的一种综合运用，可以同时处理多种类型观测数据并兼顾误差信息，这点和最小二乘配置法比较相近，但由于该方法一般限于格网观测数据，不如最小二乘配置法灵活。

## 4.6 方差分量估计法

在利用多种类型的观测数据进行重力场建模时，在许多情况下，观测值的精度并不能完全知道，这给各观测值的定权带来了困难。以往的做法是按照经验公式确定，如依据仪器出厂的标称精度估算各自的方差等。实践证明，这种用验前方差确定各类观测量权重的方法是不准确的。为了提高方差估计的精度，20 世纪 70 年代出现了用验后的手段估计各类观测量方差的方法——方差分量估计法(Rao，1973)。其基本思想是：首先对各类观测量定初权，进行预平差；其次利用预平差得到各类观测值的改正数；最后依据一定的原则对各类观测量的方差因子做出估计，并依次定权。

第 3 章提到，径向基函数表示下的重力场元(如重力异常、垂线偏差和大地水准面起伏等)均可以表示为式(3.34)的形式，它们都具有相同的基函数系数 $\boldsymbol{\alpha}$，若共同用于局部重力场建模，则可进一步写成如下线性方程

$$\begin{bmatrix} \boldsymbol{y}_1 \\ \vdots \\ \boldsymbol{y}_j \\ \vdots \\ \boldsymbol{y}_J \end{bmatrix} = \begin{bmatrix} \boldsymbol{A}_1 \\ \vdots \\ \boldsymbol{A}_j \\ \vdots \\ \boldsymbol{A}_J \end{bmatrix} \boldsymbol{\alpha} + \begin{bmatrix} \boldsymbol{e}_1 \\ \vdots \\ \boldsymbol{e}_j \\ \vdots \\ \boldsymbol{e}_J \end{bmatrix} \tag{4.46}$$

式中，$\boldsymbol{y}_j$ 为第 $j$ 组观测值，$\boldsymbol{A}_j$ 为第 $j$ 组观测值设计矩阵，$\boldsymbol{\alpha}$ 为待求的径向基函数系数，$\boldsymbol{e}_j$ 为随机观测误差，并服从 $E\{\boldsymbol{e}\}=0$，$D\{\boldsymbol{e}\}=\boldsymbol{C}$。$\boldsymbol{C}=diag(\boldsymbol{C}_1,\cdots,\boldsymbol{C}_j)$，为观测误差的方差 - 协方差矩阵，并有 $\boldsymbol{C}_j=\sigma_j^2\boldsymbol{P}_j^{-1}$。式(4.46)的法方程形式可表示为

$$\left[\sum_{j=1}^{J}\frac{1}{\sigma_j^2}\boldsymbol{A}_j^{\mathrm{T}}\boldsymbol{P}_j\boldsymbol{A}_j+\beta\boldsymbol{I}\right]\boldsymbol{\alpha}=\sum_{j=1}^{J}\frac{1}{\sigma_j^2}\boldsymbol{A}_j^{\mathrm{T}}\boldsymbol{P}_j\boldsymbol{y}_j \tag{4.47}$$

式中，$\sigma_j^2$ 为各观测组的方差因子，$\boldsymbol{P}_j$ 为第 $j$ 组观测值权阵，$\beta$ 为正则化参数，$\boldsymbol{I}$ 为单位矩阵。正则化参数可认为是径向基函数系数的先验信息，因此式(4.46)可增加第 $j+1$ 组观测方程

$$\boldsymbol{\mu}=\boldsymbol{\alpha}+\boldsymbol{e}_\mu,\ D\{\boldsymbol{e}_\mu\}=\frac{1}{\beta}\boldsymbol{I}=\sigma_\mu^2\boldsymbol{I} \tag{4.48}$$

式中，$\boldsymbol{\mu}$ 为未知参数 $\boldsymbol{\alpha}$ 的先验信息，$\sigma_\mu^2$ 为对应的未知方差因子，则正则化参数 $\beta$ 是方差因子 $\sigma_\mu^2$ 的倒数。

顾及各种观测数据间的精度差异，方差分量估计法在求解基函数系数的同时，一并对各方差因子和正则化参数进行估计。根据 Kusche(2003)的研究，各观测组的方差因子可表示为

$$\widehat{\sigma}_j^2=\frac{\widehat{\boldsymbol{e}}_j^{\mathrm{T}}\boldsymbol{P}_j\widehat{\boldsymbol{e}}_j}{r_j} \tag{4.49}$$

$$\widehat{\sigma}_\mu^2=\frac{\widehat{\boldsymbol{e}}_\mu^{\mathrm{T}}\boldsymbol{P}_\mu\widehat{\boldsymbol{e}}_\mu}{r_\mu} \tag{4.50}$$

式中，$\widehat{\boldsymbol{e}}_j$、$\widehat{\boldsymbol{e}}_\mu$ 为观测组的剩余，$r_j$、$r_\mu$ 为冗余数，可表示为

$$r_j=n_j-\frac{1}{\sigma_j^2}tr(\boldsymbol{A}_j^{\mathrm{T}}\boldsymbol{P}_j\boldsymbol{A}_j\boldsymbol{N}^{-1})=n_j-\frac{1}{\sigma_j^2}tr(\boldsymbol{N}_j\boldsymbol{N}^{-1}) \tag{4.51}$$

$$r_\mu=u-\frac{1}{\sigma_\mu^2}tr(\boldsymbol{P}_\mu\boldsymbol{N}^{-1}) \tag{4.52}$$

式中，$n_j$ 为第 $j$ 组重力观测值的个数，$u$ 为基函数系数 $\boldsymbol{\alpha}$ 的个数，$\boldsymbol{N}_j$ 为第 $j$ 组观测值法方程矩阵，$\boldsymbol{N}$ 为所有观测值的总法方程矩阵。$tr(\boldsymbol{N}_j\boldsymbol{N}^{-1})$ 是观测组 $j$ 对基函数系数 $\boldsymbol{\alpha}$ 影响大小的测度，若 $tr(\boldsymbol{N}_j\boldsymbol{N}^{-1})$ 等于未知参数 $\boldsymbol{\alpha}$ 的个数，则 $\boldsymbol{\alpha}$ 完全由第 $j$ 组观测值决定；若 $tr(\boldsymbol{N}_j\boldsymbol{N}^{-1})$ 为零，则第 $j$ 组观测值对 $\boldsymbol{\alpha}$ 没有贡献(Klees，2008)。

方差因子通常采用迭代法进行求解，即先给定先验的初始方差因子 $\sigma_{j,0}^2$，然后依据最小二乘估计法计算出基函数系数的初始估值 $\widehat{\boldsymbol{\alpha}}$，进一步得到各个观测组的最小二乘剩余并按式(4.49)和式(4.50)求解新的方差因子，接着进入下一步循环，直至满足

$$\max \frac{\hat{\sigma}_{j,i}^2-\hat{\sigma}_{j,i-1}^2}{\hat{\sigma}_{j,i}^2} \leqslant \tau(j=1, \cdots, J) \tag{4.53}$$

式中，$\hat{\sigma}_{j,i}^2$ 为经过 $i$ 次迭代后的第 $j$ 组观测值的方差因子；$\tau$ 为收敛阈值，通常取为 0.01。

式(4.51)和式(4.52)涉及法方程矩阵的逆 $\boldsymbol{N}^{-1}$，然而对于大型的线性系统，法方程矩阵往往不可逆，计算起来比较困难。另外，方差因子的确需要多次迭代，而且每次迭代都需要计算一次法方程的逆矩阵，计算过程也非常耗时。为了加快计算速度，通常采用随机迹估计理论予以解决(Kusche and Klees，2002)。

根据 Hutchinson(1989)提出的理论，有

$$E(\boldsymbol{u}^{\mathrm{T}}\boldsymbol{B}\boldsymbol{u})=tr(\boldsymbol{B}) \tag{4.54}$$

式中，$\boldsymbol{u}$ 为随机变量 $U$ 的 $n$ 个独立采样，并有 $E(U)=0$，$D(U)=1$；$\boldsymbol{B}$ 代表维度是 $n\times n$ 的对称矩阵。那么，若 $U$ 满足概率分布 $P\{U=1\}=1/2$ 和 $P\{U=-1\}=1/2$，则 $\boldsymbol{u}^{\mathrm{T}}\boldsymbol{B}\boldsymbol{u}$ 是 $tr(\boldsymbol{B})$ 的最小方差无偏估计量。

对权矩阵 $\boldsymbol{P}_j$ 和 $\boldsymbol{P}_\mu$ 运用 Cholesky 分解，得到

$$\boldsymbol{P}_j=\boldsymbol{G}_j\boldsymbol{G}_j^{\mathrm{T}} \tag{4.55}$$

$$\boldsymbol{P}_\mu=\boldsymbol{G}_\mu\boldsymbol{G}_\mu^{\mathrm{T}} \tag{4.56}$$

式中，$\boldsymbol{G}_j$ 和 $\boldsymbol{G}_\mu$ 为规则的下三角正定矩阵，将其代入式(4.51)和式(4.52)，得

$$r_j=n_j-\frac{1}{\sigma_j^2}tr(\boldsymbol{G}_j^{\mathrm{T}}\boldsymbol{A}_j\boldsymbol{N}^{-1}\boldsymbol{A}_j^{\mathrm{T}}\boldsymbol{G}_j) \tag{4.57}$$

$$r_\mu=u-\frac{1}{\sigma_\mu^2}tr(\boldsymbol{G}_\mu^{\mathrm{T}}\boldsymbol{N}^{-1}\boldsymbol{G}_\mu) \tag{4.58}$$

将 $tr(\boldsymbol{G}_j^{\mathrm{T}}\boldsymbol{A}_j\boldsymbol{N}^{-1}\boldsymbol{A}_j^{\mathrm{T}}\boldsymbol{G}_j)$ 代入式(4.54)，则只需要计算式(4.59)的乘积

$$\boldsymbol{u}^{\mathrm{T}}\boldsymbol{G}_j^{\mathrm{T}}\boldsymbol{A}_j\boldsymbol{N}^{-1}\boldsymbol{A}_j^{\mathrm{T}}\boldsymbol{G}_j\boldsymbol{u} \tag{4.59}$$

令

$$\boldsymbol{\omega}_j=\boldsymbol{N}^{-1}\boldsymbol{A}_j^{\mathrm{T}}\boldsymbol{G}_j\boldsymbol{u} \tag{4.60}$$

则有线性方程

$$N\boldsymbol{\omega}_j = \boldsymbol{A}_j^{\mathrm{T}} \boldsymbol{G}_j \boldsymbol{u} \tag{4.61}$$

利用式(4.61)不难求解参数 $\boldsymbol{\omega}_j$，然后代入式(4.57)，得

$$r_j = n_j - \frac{1}{\sigma_j^2}(\boldsymbol{u}^{\mathrm{T}} \boldsymbol{G}_j^{\mathrm{T}} \boldsymbol{A}_j \boldsymbol{\omega}_j) \tag{4.62}$$

式中，右半部分只是矩阵的简单相乘，求解起来相对容易。但由于不同的独立采样 $\boldsymbol{u}$ 会得到不同的迹估计，实际计算中可多次采样取其平均值 $E(\boldsymbol{u}^{\mathrm{T}} \boldsymbol{G}_j^{\mathrm{T}} \boldsymbol{A}_j \boldsymbol{\omega}_j)$，也可以只选择一种采样(Golub and Von Matt，1997)。

迹估计理论显著改善了方差分量估计法求解法方程逆矩阵困难的问题，避免了对法方程矩阵直接求逆，对大型线性系统同样适用。

## 4.7 径向基函数多尺度融合

利用径向基函数可以同时对同一地区的多种重力信号进行多尺度分解，然后将分解后的各重力信号在对应尺度上分别进行融合，最后再进行信号重构，从而达到多尺度融合的目的。径向基函数多尺度融合与最小二乘谱融合类似，都是在频率域将不同频谱分布的多源重力数据进行融合。不同的是最小二乘谱融合是在所有阶次上(每个频率上)分别加权融合，而多尺度融合是各个尺度(每个尺度包含多个频段)进行融合。现简述如下。

考虑局部地区的两种重力观测数据，如卫星重力数据和地面重力异常数据，它们在分辨率、数据精度和频谱分布特征上均有差异。3.7 节提到，重力场信号具有多尺度特征，可以表示为一个平滑信号和若干个细节信号求和的形式，略去多尺度分析误差，则卫星重力场模型和地面重力异常可分别表示为

$$N^{sat}(\boldsymbol{x}) = N_{j_0}^{sat}(\boldsymbol{x}) + \sum_{j=j_0+1}^{J} N_j^{sat}(\boldsymbol{x}) \tag{4.63}$$

$$\Delta g^{sur}(\boldsymbol{x}) = \Delta g_{j_0}^{sur}(\boldsymbol{x}) + \sum_{j=j_0+1}^{J} \Delta g_j^{sur}(\boldsymbol{x}) \tag{4.64}$$

利用径向基函数表示下的重力场元之间的转换关系，式(4.64)可以转化为大地水准面的多尺度表达式：

$$\widehat{N}^{sur}(\boldsymbol{x}) = \widehat{N}_{j_0}^{sur}(\boldsymbol{x}) + \sum_{j=j_0+1}^{J} \widehat{N}_j^{sur}(\boldsymbol{x}) \tag{4.65}$$

式(4.63)和式(4.65)都是关于同一地区大地水准面的多尺度表示，频谱特性的差异导致两者在不同尺度上的误差也各不相同，若它们是由同种类型的径向基函数多尺度分析得到的，则可以在不同的尺度上(频段范围内)分别进行融合

$$\widehat{N}(\boldsymbol{x}) = N_{j_0}^{sat}(\boldsymbol{x}) + \sum_{j=j_0+1}^{J} w_j^{sat} N_j^{sat}(\boldsymbol{x}) + \sum_{j=j_0+1}^{J} w_j^{sur} \widehat{N}_j^{sur}(\boldsymbol{x}) \tag{4.66}$$

式中，由于局部重力场建模通常采用移去-恢复技术，$N_{j_0}^{sat}(\boldsymbol{x})$可认为是参考重力场模型的计算值；$w_j^{sat}$ 为卫星重力数据 $j$ 尺度上的权；$w_j^{sur}$ 为地面观测值的权，并满足

$$w_j^{sat} + w_j^{sur} = 1 (j = j_0 + 1, \cdots, J) \tag{4.67}$$

运用大地水准面信号的阶方差 $\sigma_n(N, N)$ 和误差阶方差 $\varepsilon_n(N, N)$ 计算公式，可得到不同阶次下的维纳滤波曲线谱(Kern et al.，2003)

$$P_n(N) = \frac{\sigma_n(N, N)}{\sigma_n(N, N) + \varepsilon_n(N, N)} \tag{4.68}$$

则卫星重力数据在 $j$ 尺度上的权可表示为

$$w_j^{sat} = \frac{\sum_{n=0}^{N_{\max}} P_n(N) \varphi_j(n)}{\sum_{n=0}^{N_{\max}} \varphi_j(n)} \tag{4.69}$$

EIGEN-CHAMP03S 模型和地面重力数据按式(4.67)至式(4.69)计算的权的大小如图 4-3 所示(Schmidt，2006)。

图 4-3 采用的是 Blackman 径向基函数，取参数 $b = 1.55$，其在不同尺度上球谐阶次范围为 $b^{j-1} \leqslant \varphi_j(n) \leqslant b^{j+1}$。从图 4-3 可以看出，卫星重力场模型在 0~8 尺度(球谐阶次为 0~52 阶)上的权为 1，表明低阶部分的大地水

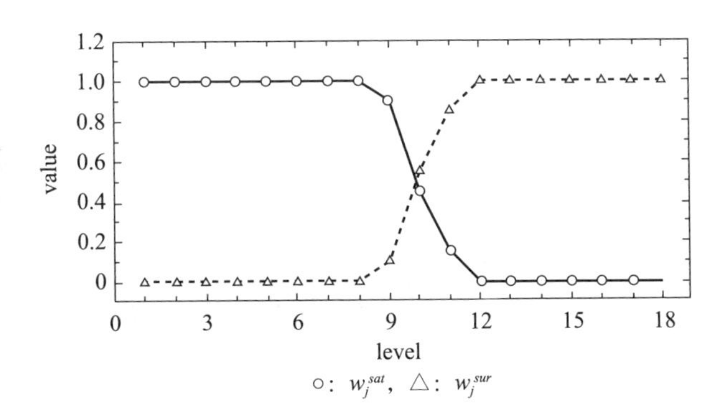


**图 4-3 径向基函数多尺度建模权值分布**

准面贡献完全来自卫星数据；而在 12~18 尺度上，卫星重力数据的权为 0，则高阶(298~4133 阶)部分贡献完全来自地面数据；两者在 9~11 尺度上(53~297 阶)具有频谱重叠，两种重力数据对最终的大地水准面都有贡献，可以进行加权融合。第 18 尺度的重力场信号对应的最大球谐阶次为 4133 阶，从而达到高精度高分率建模的目的。

## 4.8 本章小结

本章系统介绍了当前主要的重力场观测技术及其在频谱、精度、分辨率等方面的差异，明确了构建高阶或超高阶地球重力场模型必须充分利用不同类型的观测数据进行综合处理的事实。在移去-恢复技术的基础上，详细阐述了几种可用于融合多源重力数据的方法：最小二乘配置法、最小二乘谱组合法、方差分量估计法和径向基函数多尺度融合方法，为后面章节融合多源数据构建高分辨率的重力场模型，提供了理论支撑。

5

# 径向基函数实际建模及应用

径向基函数因其良好的空间局部化特性，可以充分融合不同来源、不同频谱特性的观测数据，进而构建局部高分辨率的重力场模型。顾及不同频段的重力场信息与地球内部某些圈层密度的紧密关联，可以借助径向基函数的重力场多尺度分析了解和探测地球内部特殊的地质构造。

本章主要研究径向基函数的实际建模及其应用。首先，利用两种重力数据(卫星重力数据和测高重力数据)构建南海局部地区高分辨率的径向基函数重力场模型；其次，对新提出的多尺度分析方法与传统的离散积分法进行实际比较分析；最后，基于径向基函数对全球大地水准面进行多尺度分析，并就分解信号与地球内部构造的联系做出解释。

## 5.1 利用 Abel-Poisson 径向基函数构建南海局部重力场模型

### 5.1.1 数据准备与预处理

本书选取了南海地区约 10°×8°的研究区域作为重力场建模实验对象，具体范围为 8°N~18°N，108°E~116°E。输入数据有两种：一种是丹麦空间研究所提供的 2′×2′的自由空气重力异常数据(DTU13)，总共 72000 个数据；另一种是由 EIGEN-GL04S 重力场模型计算得到的大地水准面起伏数据。

EIGEN-GL04S 由 GRACE 卫星数据和 LAGEOS 数据联合解算得到，但是其在高阶精度稍差，因此在建模之前，有必要对其可靠阶次进行分析。EIGEN-GL04S 模型大地水准面各阶次信号及误差的分布情况如图 5-1 所示。在 2~36 阶范围内，大地水准面误差阶方差呈先下降后上升的趋势，累计误差阶方差缓慢上升，前 36 阶对应的累计误差方差为 0.006m；在 36 阶以后，误差阶方差和累计误差阶方差都迅速增大；在 125 阶左右，累计误差阶方差与信号阶方差相当，达到 0.08m；此后，累计误差阶方差开始大于信号阶方差。因此，为了更好地利用 EIGEN-GL04S 模型的中低阶信息，本文采用移去-恢复技术，以 EIGEN-GL04S 模型的前 36 阶作为参考，而高阶截断至 120 阶(累计大地水准面误差为 0.06m)。基于此计算了研究区域内 6′×6′的大地水准面起伏数据，数据总量为 8181 个。

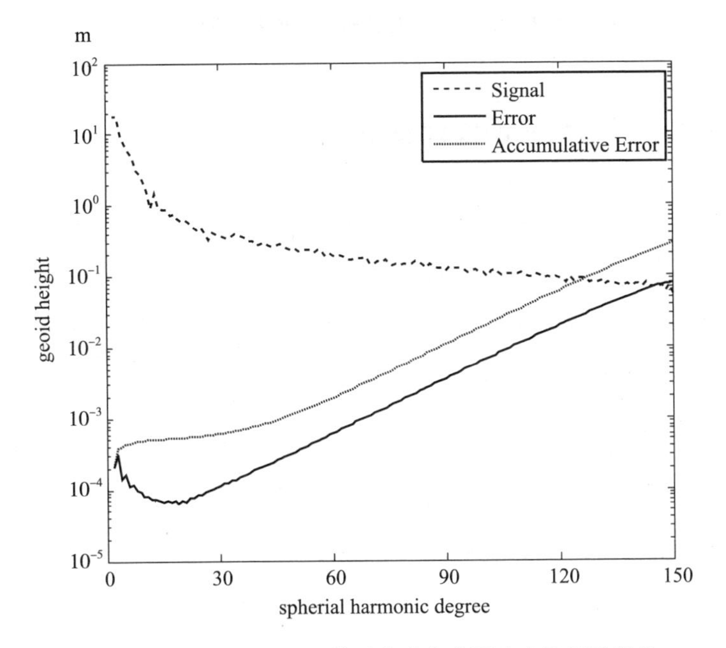


**图 5-1　EIGEN-GL04S 模型大地水准面阶次信号及误差**

EIGEN-GL04S 模型在中低阶波段信号精度较高，但分辨率较低；DTU13 重力异常主要由卫星测高数据得到，分辨率较高，包含了丰富的高频信号。因此，联合这两种数据，弥补彼此之间的不足，便可能得到一个高质量、高分辨率的重力场模型。移去低阶重力场贡献后南海部分地区的重力场剩余输入数据分布情况如图 5-2 所示。

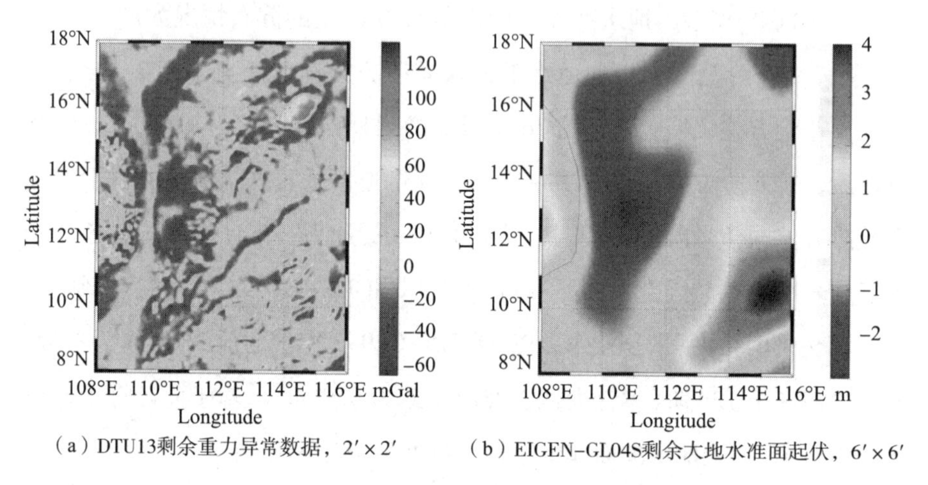


（a）DTU13剩余重力异常数据，$2'\times2'$　（b）EIGEN-GL04S剩余大地水准面起伏，$6'\times6'$

**图 5-2　南海部分地区的重力场剩余输入数据**

## 5.1.2　基函数格网设计及系数解算

考虑径向基函数建模普遍出现的“边缘效应”，将基函数格网建模区域四周各扩展 1°，即基函数格网覆盖区域为 7°N～19°N、107°E～117°E。初始粗格网采用 Reuter 格网，取格网密度参数 $L=1800$，格网总数为 11768。接下来便是精化格网算法输入参数的确定，经过多次尝试，当取 $\tau_1=1$、$\tau_2=0.5$ 时，得到的重力场反演结果与观测值最相近。另外，为了防止出现孤立的大观测值剩余（可能不是真实的重力场信号），待定基函数格网点附近应存在若干较大的观测值剩余，本例取 $q=3$；根据数据分辨率和 $q$ 的大小，精化格网点半径 $\psi_c=0.04°$；为了防止 SRBF 过度集中，任意两个 SRBF 的球面距应大于一定阈值 $\psi_{min}$，设置为初始粗格网间距的一半，即 $\psi_{min}=0.05°$。依据上述筛选原则，得到精化基函数点数为 2719。最终利用所有选定的基函数（粗+精），共同构建局部重力场。

高分辨率局部重力场径向基函数系数的精确求解需要足够多的观测量

(超定问题)，本书观测值数据量为 72000+8181=80181，远多于径向基函数系数个数(14487)，因此能满足求解系数的要求，但可能引起过度拟合现象。另外，重力异常和高程异常观测点位之间距离可能非常接近，也可能导致所得线性系统存在很强的相关性。上述两种因素综合作用的结果就是所得的法方程矩阵病态化。方差分量估计法正则化前后条件数及其各方差因子如表 5-1 所示。正则化之初，为各方差因子分别赋值为 1，此时法方程出现严重的病态性，条件数达到 $5.85\times10^{12}$，求解过程提示矩阵奇异；在经过 5 次迭代之后，方差因子趋于稳定，此时方程条件数为 $3.73\times10^{3}$。各方差因子分别为 $\sigma_1^2=1.694\mathrm{m}^2/\mathrm{s}^4$、$\sigma_2^2=0.134\mathrm{m}^2$、$\sigma_\mu^2=7.42\times10^{-2}$，方差因子比值 $\sigma_1^2/\sigma_2^2=12.64:1$，进而基函数系数可由此解得。

表 5-1　方差分量估计法正则化条件数和方差因子

| 项目 | 条件数 | $\sigma_1^2(\mathrm{m}^2/\mathrm{s}^4)$ | $\sigma_2^2(\mathrm{m}^2)$ | $\sigma_\mu^2$ |
|---|---|---|---|---|
| 正则化前 | $5.85\times10^{12}$ | 1 | 1 | 1 |
| 正则化后 | $3.73\times10^{3}$ | 1.694 | 0.134 | $7.42\times10^{-2}$ |

### 5.1.3 基函数模型误差与解释

本书主要采用 Abel-Poisson 径向基函数建模(Abel-Poisson Basis Function Modeling)，取其英文首字母，将构建的模型命名为 APBF 模型。图 5-3(a)绘制出了建模后恢复的重力异常数据的误差分布情况，为便于解释，图 5-3(b)给出了该地区对应的 SRTM_PLUS30 海底地形。

从图 5-3 可以看到，绝大部分地区误差值较小，且分布均匀，较大的误差主要集中在区域东南角的南沙群岛、西部的长山山脉和北部的西沙群岛，这主要归因于这些区域复杂的海底地形。南沙群岛由于岛礁众多、分布较广，且位于海盆的边缘地带，地形最复杂，建模后拟合误差的最大值也出现在这一区域，分别为 $6.80\times10^{-5}\mathrm{m/s}^2$、$-7.54\times10^{-5}\mathrm{m/s}^2$(见表 5-2)；区域东部狭长的长山山脉，地质构造复杂，高峰多为 1500～2000m 以上，地势崎岖，误差达到 $5.47\times10^{-5}m/s^2$；西沙群岛和中沙群岛之间东北向的巨型海槽和群岛东南侧的中央深海海盆，使该地区的重力异常变化比周围大多数地方大，因此该地区也有较大的误差。另外，在中沙群岛与南沙群岛的中间地带，海底地形起伏虽小于前三个地区，但仍可以看到明显的剩余误差。除上述几个地区外，绝大部分区域建模误差均小于 $\pm1.5\times10^{-5}m/s^2$，区域整体拟合误差 RMS 为 $\pm0.80\times10^{-5}m/s^2$（见表 5-2），验证了应用 Abel-Poisson 径向基函数和数据自适应算法构建局部重力场模型的有效性。

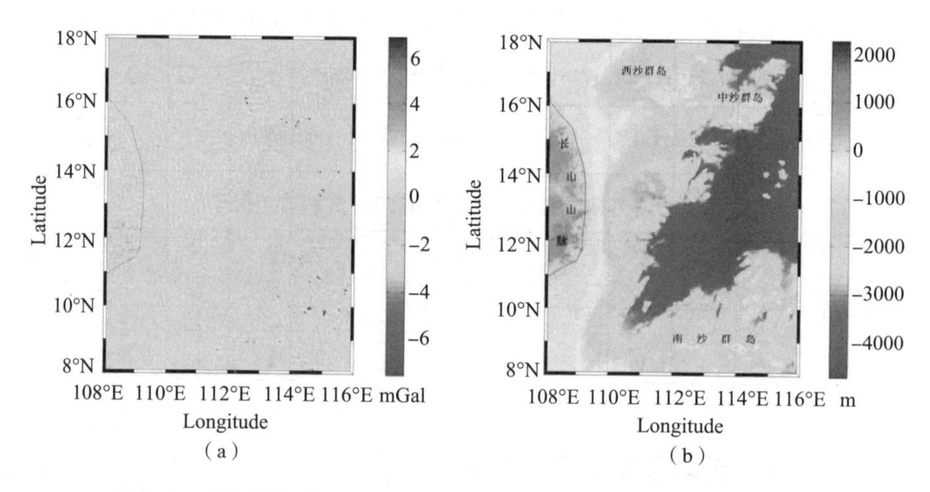


**图 5-3 南海局部地区 APBF 模型重力异常数据恢复误差及海底地形**

**表 5-2 APBF-DTU13、APBF-EGM2008 和 DTU13-EGM2008 三者之间重力异常偏差比较**

单位：$10^{-5}m/s^2$

| 项目 | Resol. | Max | Min | Mean | RMS |
|---|---|---|---|---|---|
| APBF-DTU13 | ~3.6km(2′×2′) | 6.80 | −7.54 | 0.085 | ±0.80 |
| APBF-EGM2008 | ~9km(5′×5′) | 7.70 | −9.56 | −0.076 | ±0.75 |
| DTU13-EGM2008 | ~9km(5′×5′) | 7.48 | −9.98 | −0.011 | ±0.74 |

EGM2008 模型是目前公认的高阶次重力场模型，可以作为检验新模型质量的参考。但 EGM2008 模型只能展开至 2190 阶（约 5′×5′），而本书采用的 DTU13 数据以及 APBF 模型的分辨率为 2′×2′。由于这些数据的空间分辨率不同，必须转化为相同的空间尺度后再进行比较。表 5-2 列出了

EGM2008 模型与 APBF 模型以及 DTU13 数据的偏差统计结果。APBF 模型与 EGM2008 模型的偏差绝对值不超过 $9.56\times10^{-5}m/s^2$，平均值为 $-0.076\times10^{-5}m/s^2$，RMS 为 $\pm0.75\times10^{-5}m/s^2$，两者之间虽有一定的偏差，但相差不大，进一步证明了 APBF 模型的有效性和可靠性。

由于兼顾了大地水准面和重力异常不同频谱的信息，建模解得的径向基函数系数不再与先前任何单一数据的频谱相对应，而是融合了两种数据的共同特性。因此，依据这些系数，不仅可以得到与 EIGEN-GL04S 相对应的低阶(120 阶)大地水准面起伏数据，还可以得到与 DTU13 重力异常频谱相适应的更高阶次的其他重力场相关量。径向基函数 APBF 模型计算的剩余大地水准面起伏数据如图 5-4 所示，相关的误差统计见表 5-3。

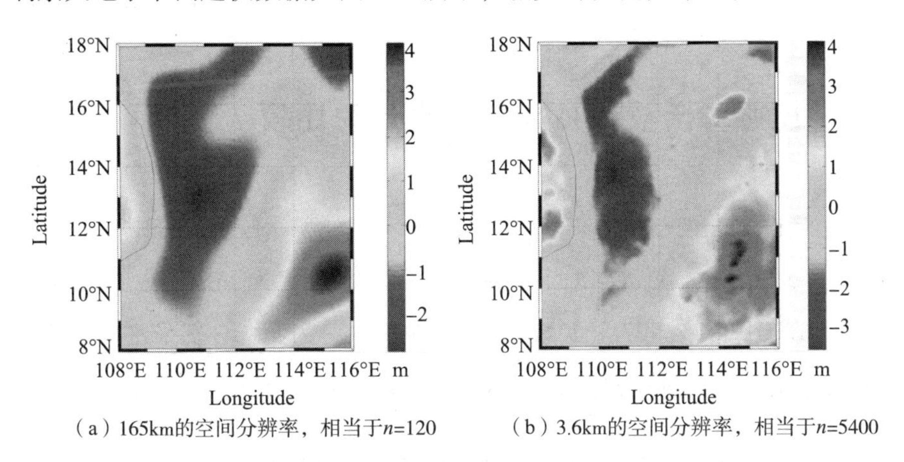

（a）165km的空间分辨率，相当于$n$=120　（b）3.6km的空间分辨率，相当于$n$=5400

**图 5-4　径向基函数 APBF 模型计算的剩余大地水准面起伏**

**表 5-3　APBF 与 EIGEN-GL04S 和 EGM2008 大地水准面起伏偏差统计**

单位：m

| 项目 | Resol. | Max | Min | Mean | RMS |
|---|---|---|---|---|---|
| APBF-EIGEN | ~165km (1.5°×1.5°) | 0.453 | −0.471 | −0.002 | ±0.066 |
| APBF-EGM2008 | ~9km(5′×5′) | 0.269 | −0.535 | −0.019 | ±0.115 |

图 5-4(a)为径向基函数 APBF 模型恢复的 120 阶剩余大地水准面起伏，通过与 EIGEN-GL04S 输入大地水准面起伏数据[见图 5-2(b)]比较，两者符合程度较好，偏差最大为 0.453m、最小为 −0.471m，RMS 为

±0.066m(见表5-3)，表明了APBF模型良好的低阶精度。

图5-4(b)为APBF模型得到的高分辨率大地水准面起伏(约3.6km的空间分辨率)，为了评估APBF模型的高阶大地水准面起伏数据的质量，选取EGM2008模型作为参考对象，两个模型同时计算至2190阶(分辨率约9km)，统计结果列于表5-3。

由于该地区缺乏2′×2′的大地水准面数据，故选用EGM2008模型作为评估APBF模型的参考。但是，EGM2008模型本身也具有误差，并不能作为判定APBF模型精度好坏的标准，只能在一定程度上反映模型的正确与否。由表5-3可以看到，APBF模型与EGM2008模型的偏差恰好在EGM2008模型的误差范围内，表明APBF模型能有效表示高阶、高分辨率的大地水准面。

## 5.2 径向基函数多尺度分析方法的比较

基于上文提出的两种多尺度分析理论，针对实际分析过程中存在信号泄露这一问题，本节仍然以南海局部地区(8°N~18°N、108°E~116°E)的2′×2′的DTU13剩余重力异常数据[见图5-2(a)]为例，分别采用离散积分法和直接法，对信息泄露情况进行深入比较分析。

### 5.2.1 两种方法的多尺度分析结果与统计

多尺度分析必须先确定尺度的范围。DTU13输入数据的空间分辨率为2′×2′，对应的球谐阶次约为5400阶。根据不同尺度下Abel-Poisson基函数的频域表现[见图3-7(c)]，当尺度$j=10$时，径向基函数覆盖的频率范围超过5400阶，因此可将该尺度作为多尺度分析的最高尺度$J(J=10)$；至于最低尺度，为了避免过多、过细地分解低尺度信号，将最低尺度取为$j_0=6$，则最终多尺度分析的尺度范围为6~10。两种多尺度分析算法后的重力异常分布情况如图5-5所示，相关的数据统计见表5-4。

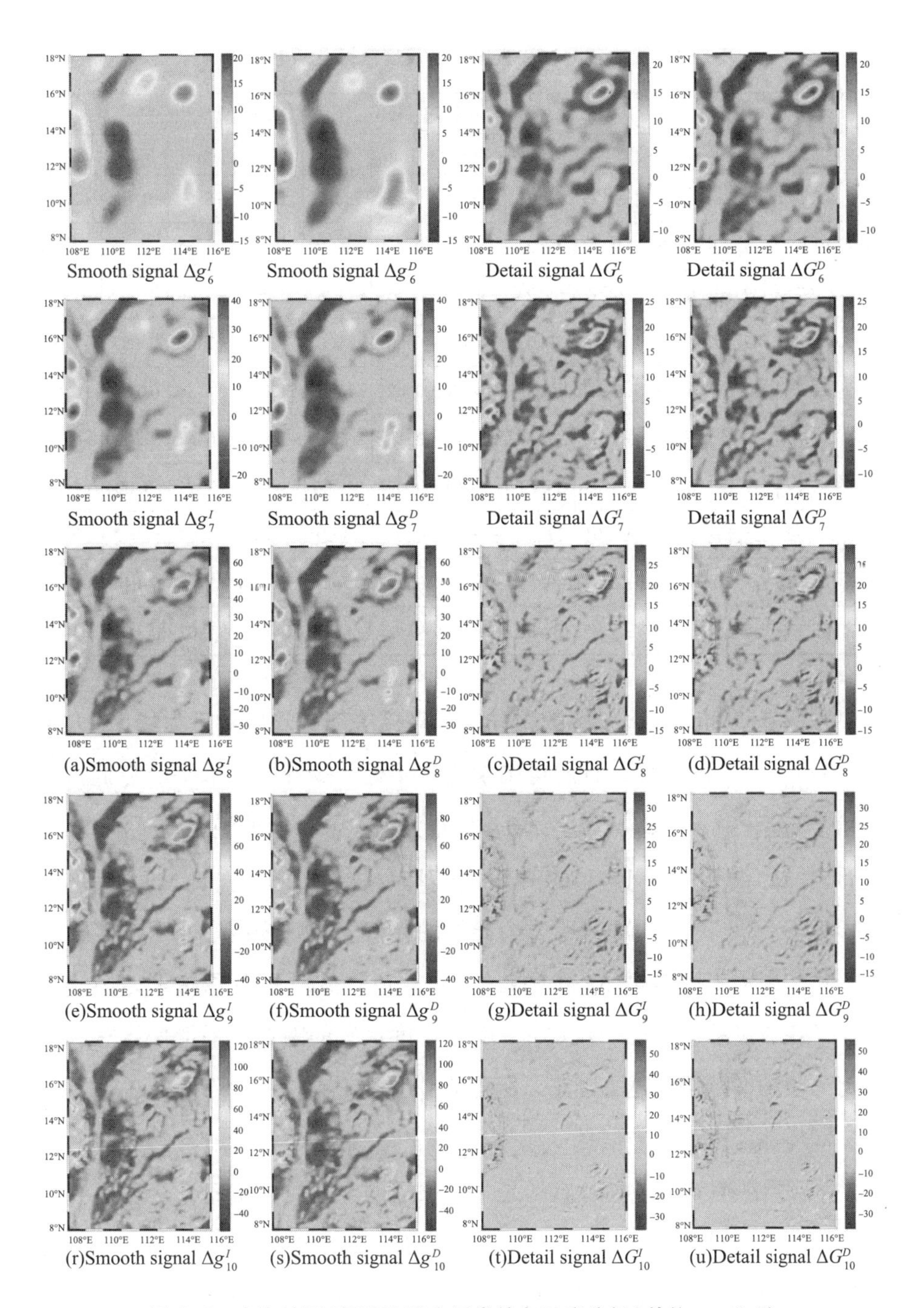


Smooth signal $\Delta g_6^I$　Smooth signal $\Delta g_6^D$　Detail signal $\Delta G_6^I$　Detail signal $\Delta G_6^D$

Smooth signal $\Delta g_7^I$　Smooth signal $\Delta g_7^D$　Detail signal $\Delta G_7^I$　Detail signal $\Delta G_7^D$

(a)Smooth signal $\Delta g_8^I$　(b)Smooth signal $\Delta g_8^D$　(c)Detail signal $\Delta G_8^I$　(d)Detail signal $\Delta G_8^D$

(e)Smooth signal $\Delta g_9^I$　(f)Smooth signal $\Delta g_9^D$　(g)Detail signal $\Delta G_9^I$　(h)Detail signal $\Delta G_9^D$

(r)Smooth signal $\Delta g_{10}^I$　(s)Smooth signal $\Delta g_{10}^D$　(t)Detail signal $\Delta G_{10}^I$　(u)Detail signal $\Delta G_{10}^D$

**图 5-5　南海地区 DTU13 重力异常的多尺度分析(单位：mGal)**

注：$\Delta g_j^I$ 表示离散积分法得到的平滑重力异常信号，$\Delta g_j^D$ 表示直接法得到的平滑重力异常信号，$G_j^I$ 表示离散积分法得到的细节重力异常信号，$G_j^D$ 表示直接法得到的细节重力异常信号。

**表 5-4　离散积分法和直接法各尺度信号及两者差异统计**　　单位：mGal

| 信号 | 离散积分法 | | | | 直接法 | | | | 差异(离散积分法-直接法) | | | |
|---|---|---|---|---|---|---|---|---|---|---|---|---|
| | Max | Min | Mean | STD | Max | Min | Mean | STD | Max | Min | Mean | STD |
| $\Delta g_6$ | 15.51 | -11.20 | 0.30 | ±4.23 | 19.36 | -14.84 | 0.32 | ±5.47 | 5.71 | -6.98 | -0.015 | ±2.03 |
| $\Delta g_7$ | 40.48 | -22.79 | 0.44 | ±7.57 | 41.51 | -25.71 | 0.46 | ±8.46 | 4.15 | -7.65 | -0.027 | ±2.07 |
| $\Delta g_8$ | 67.72 | -32.24 | 0.55 | ±11.03 | 65.24 | -36.13 | 0.55 | ±11.62 | 5.14 | -6.49 | 0.002 | ±1.90 |
| $\Delta g_9$ | 92.31 | -42.19 | 0.64 | ±14.32 | 89.43 | -44.28 | 0.60 | ±14.61 | 4.77 | -7.08 | 0.037 | ±1.36 |
| $\Delta g_{10}$ | 121.01 | -55.59 | 0.63 | ±17.14 | 118.00 | -54.20 | 0.62 | ±16.72 | 3.00 | -1.38 | 0.016 | ±0.93 |
| $G_6$ | 21.70 | -9.96 | 0.12 | ±3.33 | 22.69 | -10.48 | 0.15 | ±3.51 | 3.81 | -6.67 | -0.029 | ±0.78 |
| $G_7$ | 25.74 | -11.99 | 0.08 | ±3.81 | 24.51 | -11.01 | 0.09 | ±3.86 | 3.45 | -3.91 | -0.004 | ±0.43 |
| $G_8$ | 28.99 | -15.77 | 0.06 | ±3.91 | 27.52 | -13.84 | 0.05 | ±3.91 | 3.11 | -4.07 | 0.002 | ±0.34 |
| $G_9$ | 32.36 | -17.62 | 0.03 | ±3.54 | 30.16 | -16.31 | 0.01 | ±3.22 | 3.01 | -1.38 | 0.016 | ±0.42 |
| $G_{10}$ | 48.57 | -35.61 | -0.82 | ±5.96 | 54.80 | -36.69 | -0.82 | ±6.77 | 8.32 | -7.07 | 0.001 | ±0.82 |

从图 5-5 可以看出，离散积分法和直接法都有效地对重力场(重力异常)进行了多尺度分解，且所得结果比较接近。随着尺度水平的降低，平滑信号 $\Delta g_{10}$、$\Delta g_9$、$\Delta g_8$、$\Delta g_7$、$\Delta g_6$ 的最大值、最小值的绝对值逐渐减小，标准差从 $\Delta g_{10}$ 的 ± 17.14mGal/± 16.72mGal 降至 $\Delta g_6$ 的 ± 4.23mGal/±5.47mGal(见表 5-4)，表明重力异常的起伏变化越来越小。这与实际情况相符，因为平滑信号 $\Delta g_{10}$、$\Delta g_9$、$\Delta g_8$、$\Delta g_7$、$\Delta g_6$ 是对原始重力场信号的低通滤波过程[见图 3-7(c)]，随着尺度水平的降低，平滑信号对应的重力异常频谱范围也越来越小，所得信号也越来越平滑。

同样地，由于细节信号 $G_{10}$、$G_9$、$G_8$、$G_7$、$G_6$ 是对重力场信号的带通滤波[见图 3-7(d)]，它对应的是某段频谱的重力异常信息，尽管标准差在数值上并无显著差异(见表 5-4)，随着分解程度的加深($G_{10}\sim G_6$)，复杂琐细的重力异常信号变得越来越简单平滑，重力异常在不同频段内的重力场阶信息也逐渐凸显出来，这一方面可以为重力场的频谱分析提供新的思路，另一方面可以为研究地球内部的质量分布提供新的借鉴。

另外，尽管图 5-5 的分布情况非常相似，离散积分法和直接法得到的多尺度分析结果还是存在些许差别，这主要体现在各尺度信号的强弱上（见表 5-4）。多尺度分解后，两种方法在平滑信号上的最严重差异出现在 $\Delta g_7$ 上，其标准差为±2.07mGal；而细节信号上这一数值出现在 $G_{10}$ 上，为±0.82mGal，整体上看，平滑信号的标准差要大于细节信号的对应值。造成上述差异的主要原因，就是本书提到的信号泄露。

## 5.2.2 多尺度分析的泄露误差

依据式(3.61)，高尺度的平滑信号应等于低尺度平滑信号和细节信号之和，但由于信号泄露，实际分解后的信号并不满足这一条件。为了探测两种方法是否存在信号泄露及其数值大小，对多尺度分析后的各尺度信号（平滑信号和细节信号）分别作差处理

$$e_j = \Delta g_{j+1} - (\Delta g_j + G_j)\,(j=6,\ 7,\ 8,\ 9,\ 10) \tag{5.1}$$

离散积分法和直接法不同尺度的信号泄露误差分布情况如图 5-6 所示，多尺度分析信号泄露误差统计如表 5-5 所示。

**表 5-5 多尺度分析信号泄露误差统计** 单位：mGal

| 误差 | 离散积分法 | | | | 直接法 | | | |
|---|---|---|---|---|---|---|---|---|
| | Max | Min | Mean | RMS | Max | Min | Mean | RMS |
| $e_6$ | 5.97 | −2.71 | 0.016 | ±0.90 | 2.32 | −1.91 | −0.001 | ±0.45 |
| $e_7$ | 5.98 | −4.32 | 0.033 | ±0.85 | 2.50 | −3.15 | 0.000 | ±0.49 |
| $e_8$ | 6.34 | −5.07 | 0.033 | ±1.00 | 5.24 | −4.04 | 0.000 | ±0.61 |
| $e_9$ | 8.19 | −6.04 | −0.038 | ±1.39 | 2.72 | −2.06 | −0.000 | ±0.30 |
| $e_{10}$ | 14.07 | −11.97 | −0.028 | ±1.45 | 2.75 | −2.63 | −0.012 | ±0.43 |
| $e_{all}$ | 26.07 | −13.80 | 0.016 | ±4.04 | 9.47 | −5.66 | −0.013 | ±1.12 |

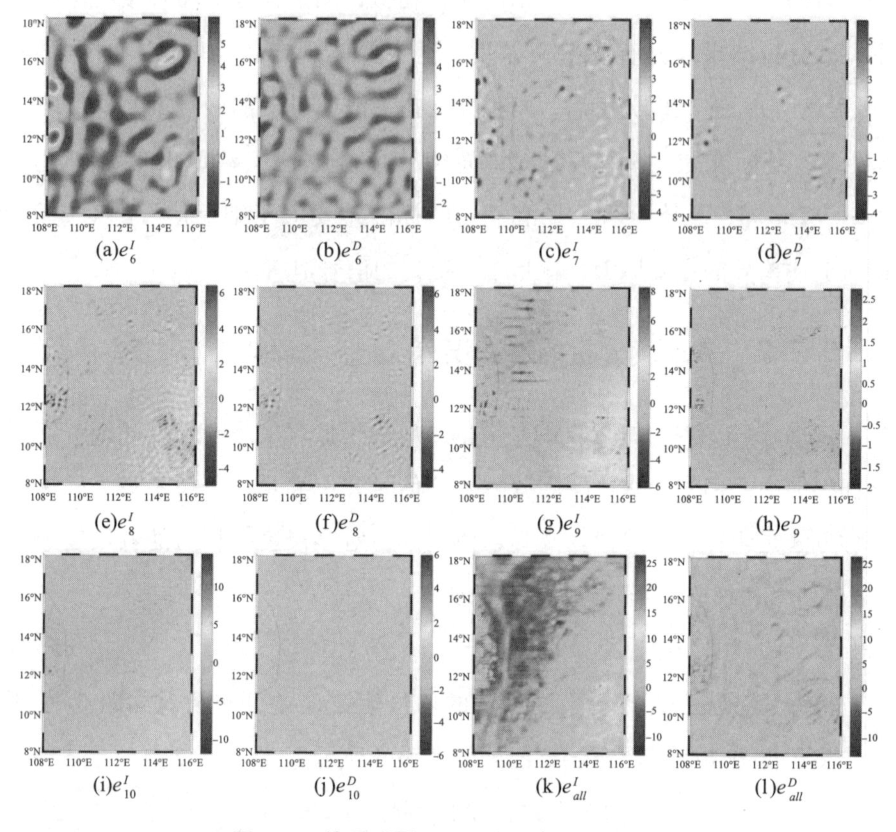

**图 5-6　信号泄露误差分布(单位：mGal)**

注：$e_j^I$ 表示离散积分法 $j$ 尺度泄露误差，$e_j^D$ 表示直接法 $j$ 尺度泄露误差，$e_{all}^I$ 表示离散积分法总的泄露误差，$e_{all}^D$ 表示直接法总的泄露误差。

结合图 5-6 和表 5-5，两种分析方法都存在信号泄露现象，由于采用的基函数系数求解方法不同，两种分析算法在不同尺度的泄露误差分布均不一致，但在每个尺度上，离散积分法的泄露误差都比直接法要大。离散积分方法中，第 6、第 7、第 8、第 9、第 10 尺度上的均方根误差分别为 ±0.90mGal、±0.85mGal、±1.00mGal、±1.39mGal 和±1.45mGal，误差最大、最小值均出现在第 10 尺度上，分别为 14.07mGal 和−11.97mGal；5 个尺度上信号重构后总的泄露误差均方差($e_{all}$)为±4.04mGal，最大值达到了 26.07mGal。而直接法在各个尺度的泄露误差分别为 ± 0.45mGal、

±0.49mGal、±0.61mGal、±0.30mGal 和±0.43mGal，比离散积分法各尺度信号泄露误差减少了 50%、42%、39%、78%和 70%；单个尺度的误差最大值、最小值分别为 5.24mGal 和-4.04mGal(第 8 尺度)，5 个尺度上总的泄露误差为±1.12mGal，其中最大误差为 9.47mGal，分别比离散积分法的误差减少约 72%和 63%。

### 5.2.3 多尺度分析误差解释

离散积分法的多尺度分析误差主要与积分权重估计得不准确有关。离散积分法的积分权重是在基函数格网满足可容许条件的情况下确定出来的，与基函数格网的分布间隔密切相关。若基函数格网的分布间隔不是足够小，即使满足可容许条件，积分权重的估计也会产生误差。在这种情况下，不仅会导致基函数系数估计不准，随着多尺度分解的进行，上一尺度的基函数系数误差还会传递至下一尺度，以致最终出现多尺度分析误差较大的情况。

直接法也有少许信号泄露，这与最小二乘法本身有关。在求解各尺度基函数系数时，由于重力场信号起伏变化剧烈、基函数格网数选择不当等，所得基函数系数不能完全拟合重力场信号，这在利用径向基函数模型化重力场的过程中是常见情况。如果基函数系数解算存在误差，利用其恢复的平滑信号就会有偏差，进而导致一定的信号泄露现象，但相对于积分法信号泄露，误差明显减少了许多。

## 5.3 大地水准面的多尺度分析

大地水准面异常与地球内部构造关系密切，本书利用多尺度分析方法和 Smoothed Shannon 径向基函数[式(3.50)]，将 GOCO05S 模型全球海洋大地水准面分解为三个尺度，对重构信号进行了精度评估。在分析统计各尺度信号的基础上，进一步解释了不同尺度上的大地水准面异常与火山热点、大洋中脊等地质构造的关联。

### 5.3.1 研究数据与处理

GOCO05S是由GRACE、GOCE和SLR纯卫星观测数据构建的280阶的融合重力场模型，在中低阶相对EGM2008等模型的精度较高。本书利用该模型计算了全球海洋地区2~128阶的大地水准面起伏数据。同样地，采用移去-恢复技术，扣除2~8阶的大地水准面影响，称为“剩余大地水准面”，对其进行多尺度分析。

### 5.3.2 多尺度分析与重构

大地水准面起伏可采用球谐函数与径向基函数联合表示的形式，低阶项用球谐函数表示(本书2~8阶)，高阶部分用径向基函数多尺度分析方法表达

$$N(\boldsymbol{x}) = \widehat{N}_{2,\cdots,8}(\boldsymbol{x}) + \sum_{j=j_0}^{J} G_j(\boldsymbol{x}) + \Delta N(\boldsymbol{x}) \tag{5.2}$$

式中，$\widehat{N}_{2,\cdots,8}(\boldsymbol{x})$为球谐函数表达的大地水准面，$G_j(\boldsymbol{x})$为多尺度分析得到的细节大地水准面信号。

依据Smoothed Shannon小波基函数在频域及空域的表现，取$j_0=4$(最低尺度)、$J=6$(最高尺度)作为多尺度分析的范围。另外，为了满足可容许系统条件，每一尺度的基函数个数必须满足$M_j \geqslant 2^{2j}$，对于Reuter格网，在4~6阶的每一尺度上，设定其格网分辨率水平$L$分别为32、64、128，对应每一尺度上的格网点数分别为1290、5180、20798，大于可容许条件的最小格网点数1024、4096、16384。基于上述基函数格网分布和本书提到的基函数多尺度算法，对全球海域大地水准面起伏数据进行多尺度分析。

利用径向基函数将大地水准面起伏分解为4、5、6三个尺度，不同尺

度下的平滑大地水准面信号和细节信号的分布有所差别。随着尺度水平的降低，$N_6$、$N_5$、$N_4$ 的大地水准面起伏越来越平滑[标准差从 $N_6$ 的±5.04m 降至 $N_4$ 的±3.17m(见表 5-6)]；而 $G_6$、$G_5$、$G_4$ 越来越粗糙(标准差从 $G_6$ 的±1.25m 升至 $G_4$ 的±2.36m)。另外，Smoothed Shannon 小波基函数具有严格的频带限制，因而可以明确地界定各尺度基函数的球谐阶次，表 5-6 同时列出了各个分解信号对应的球谐阶次。

**表 5-6　多尺度分析后各尺度信号统计**　　单位：m

| | SH Degree | Max | Min | Mean | STD |
|---|---|---|---|---|---|
| $N_6$ | 8~64 | 26.38 | -18.75 | 0.10 | ±5.04 |
| $N_5$ | 8~32 | 19.10 | -16.26 | 0.14 | ±4.73 |
| $N_4$ | 8~16 | 9.21 | -11.58 | 0.08 | ±3.17 |
| $G_6$ | 64~128 | 10.34 | -12.53 | -0.02 | ±1.25 |
| $G_5$ | 32~64 | 9.83 | -11.36 | -0.04 | ±1.41 |
| $G_4$ | 16~32 | 10.82 | -10.76 | 0.06 | ±2.36 |

利用前面提到的多尺度分析方法，对得到的平滑信号和细节信号分别相加[见式(5.2)]，即可得到重构大地水准面起伏。重构信号与原始大地水准面信号的分布相差无几。原始和重构大地水准面差异统计见表 5-7。重构后的大地水准面与原始大地水准面偏差最大值为 0.14m，最小值为 -0.12m，标准偏差为±0.02m，偏差均很小，表明了径向基函数多尺度分析法较好的分析重构能力。

**表 5-7　原始和重构大地水准面差异统计**　　单位：m

| 项目 | Max | Min | Mean | STD |
|---|---|---|---|---|
| 原始信号 | 81.48 | -106.52 | -1.76 | ±29.19 |
| 重构信号 | 81.48 | -106.53 | -1.76 | ±29.19 |
| 差异 | 0.14 | -0.12 | 0.00 | ±0.02 |

### 5.3.3 大地水准面异常与上地幔物质分布的关联性解释

由于大地水准面异常与地球内部物质运动和密度分布密切相关，不同尺度下的大地水准面信息对应地球内部不同的深部构造。Browin(1983)提出用式(5.3)估算点质量模型的场源深度 $D$

$$D=\frac{R}{n-1} \tag{5.3}$$

式(5.3)估算，2~8 阶可大致表示下地幔对大地水准面的贡献，9~180 阶表示上地幔的贡献，故本书分解的各尺度信号主要表达的是上地幔质量异常对大地水准面的贡献。根据表 5-6 给出的各尺度信号相应的球谐阶次范围，运用式(5.3)进行计算，$G_4$、$G_5$、$G_6$ 分别对应深度为 205~425km、101~205km、50~101km 的上地幔异常物质对大地水准面的贡献，而 $N_4$、$N_5$、$N_6$分别对应深度为 101~800km、205~800km、425~800km 的地幔物质对大地水准面的累积综合贡献。

$G_6$ 提取的大地水准面信息变化比较平缓，主要反映浅层上地幔(50~101km)物质的密度分布。该尺度大地水准面异常分布与海陆板块边界的位置比较一致，其中比较明显的是从千岛群岛经小笠原群岛一直延伸至马里亚纳群岛附近的一系列条状或点状异常以及西南太平洋的克马德克和太平洋东部的秘鲁-智利大地水准面异常。由于海陆板块边界也是火山、地震等现象的多发区，$G_6$ 的大地水准面异常分布也与火山分布相对应。除环太平洋火山带外，东非裂谷火山带和爪哇火山带等也有相应的表象，这些火山的活动与上地幔物质物理化学性质的变化密切相关。

$G_5$ 中大地水准面分布较 $G_6$ 略显复杂，反映中层上地幔(101~205km)物质密度的变化相对较大。除与 $G_6$ 中异常大地水准面分布相似外，还存在许多琐细的大地水准面起伏，如印度洋和大西洋附近。这些零星的大地水准面异常可能与海底山脉的形成(大洋中脊、海岭)有关。本书认为，该深度层为过渡层，即大地水准面异常受到上、下两层上地幔异常物质的综合影响，故既有类似 $G_6$ 中板块交界处火山岛弧的条状异常，又有像 $G_4$ 中类似大洋中脊的带状大地水准面起伏。

$G_4$ 的大地水准面变化最复杂，其起伏明显大于 $G_5$、$G_6$，幅值为 −10.762～10.819m，呈带状或块状分布。该深度层(205～425km)的大地水准面走向不再与火山带明显相关，而是与大洋中脊存在部分吻合。如北大西洋中脊、太平洋东部的东太平洋海隆和印度洋的“入”字形中脊。此外，在太平洋中西部和南大西洋也存在部分大地水准面异常，该部分异常可能与形成海岭等复杂海底地形的地幔异常物质有关。Bowin(1983)认为，这种大地水准面与大洋中脊的吻合源于地幔羽对流过程。之所以与大洋中脊位置一致，是因为在地幔羽流动过程中，热的地幔物质渗漏到了大洋中脊扩张轴处的地壳区域，使该部分区域出现正的大地水准面异常。而在南大西洋和东太平洋的部分海域，该地幔羽的扩散过程并未发生，故未出现吻合现象。

## 5.4 本章小结

本章首先联合两种不同类型的重力数据(DTU13 重力异常和 EIGEN-GL04S 大地水准面起伏)，基于数字自适应精化格网算法构建了南海局部高分辨率的径向基函数地球重力场模型，并对所构建模型的质量和误差源做了进一步分析评价；其次针对多尺度分析方法的误差问题，提出了基于最小二乘的直接解算方法，显著降低了分解过程中的信号泄露；最后就多尺度分解后的全球海洋大地水准面与地球内部的关联做了详细探讨。主要成果和结论如下。

①径向基函数模型对原始重力异常数据的内符合精度达到了 $\pm 0.80\times 10^{-5}m/s^2$(分辨率为 2′×2′)，绝大部分地区误差值小于 $\pm 1.5\times 10^{-5}m/s^2$，分布均匀。

②由于新模型兼顾了两种数据的不同频谱特性，不仅能较好地恢复低阶大地水准面(37~120 阶)，而且可以计算出高阶、高分辨率的大地水准面信息(120~5400 阶)等其他重力场参量。

③与其他建模方法一样，径向基函数建模在一定程度上不可避免地受到复杂地形的影响。但是，应用数据自适应算法，绝大部分误差均可以控制在较小的范围内，从而保证局部重力场建模的有效性。

④相对于离散积分法，提出的多尺度分析直接法在 5 个尺度上的泄露误差减少了 39%~79%，直接法总的泄露误差为±1. 12mGal，明显小于离散积分法的±4. 04mGal，因此直接法更适用于高精度、高分辨率的重力场多尺度分析。

⑤利用径向基函数多尺度分析方法，将全球海域的大地水准面起伏数据进行分析和重构，恢复的大地水准面信号精度达到了±0. 02m，表明了径向基函数出色的多尺度分析能力。

⑥浅层(50~101km)上地幔大地水准面异常与火山热点源分布类似，主要分布于板块边缘；深层(205~425km)上地幔引起的大地水准面异常与大洋中脊所在位置比较吻合，与地幔羽对流和地幔物质渗漏有关；而中间层(101~205km)的形态是火山热点和地幔对流过程综合作用的结果，形状散乱。

6

# 融合多源重力数据和精化局部大地水准面

大地水准面具有重要的理论和实用价值，始终是重力场研究工作的重心。本章着重对径向基函数在融合多源重力数据和精化大地水准面方面的潜力做出尝试，重点在以下几个方面做出努力：①径向基函数融合模型是否有效提高了重力场模型的精度？②复杂山区的高频信息变化剧烈，径向基函数方法能否应用于上述地区，融合后的大地水准面精度如何？③最小二乘配置法也能用于融合多源重力数据，上述两种方法孰优孰劣？

近半个世纪以来，美国一直致力于高精度(厘米级)大地水准面模型的构建，其间收集了大量重力观测数据。因此，本章主要选取美国地区进行试验，对上述问题进行讨论。

## 6.1 融合地面重力异常和垂线偏差构建局部重力场模型

### 6.1.1 数据准备与预处理

本书选取美国东部约5°×5°的区域作为研究对象，具体范围为35°N~40°N、80°W~85°W。研究区域横跨印第安纳州、俄亥俄州、西弗吉尼亚州、肯塔基州、弗吉尼亚州等，为中等复杂度地区，其西北部为平原地带，平均高程约 300m。

东南部为呈东北—西南走向的阿波拉契亚山脉，地形复杂，高程在 800~1300m，如图 6-1(a)所示。图 6-1(b)为 National Geodetic Suvery (NGS)公布的该地区的大地水准面分布(GEOID2012B)。

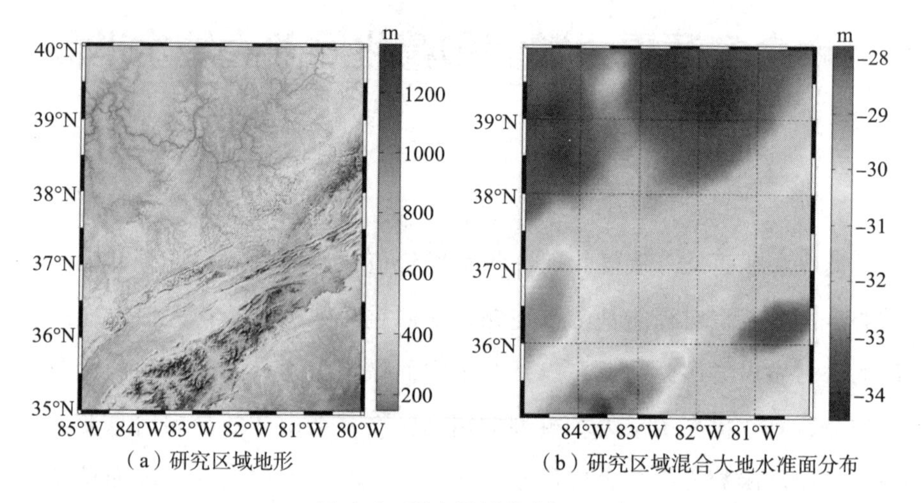

(a) 研究区域地形　　(b) 研究区域混合大地水准面分布

**图 6-1　研究区域分布概况**

用于融合试验的重力数据类型有两种，分别为地面重力异常数据和 USDOV2012 格网垂线偏差数据(https://www.ngs.noaa.gov/GEOID/USDOV2012/)。地面重力异常数据总量为 32430 个，分布较不均匀，且由于许多重力观测值距离较近甚至有数据重复现象，对分布较密的部分进行了稀疏化处理，最终得到了 20598 个重力观测值，如图 6-2(a)所示。稀疏化处理后的重力异常分布较之前没有发生太大变化，其中，区域西北部和东南角重力观测值分布非常密集，分辨率可达 1~5km；而东北角和阿巴拉契亚山脉周边狭长地带的观测值分布却比较稀疏，分辨率仅为 5~20km。格网垂线偏差是由重力大地水准面 USGG2012 计算得到的位于地球表面的重力数据，数据总量为 90000 个，分辨率为 1′×1′，但考虑到实际情况下垂线偏差观测值一般较少，从原始格网数据中随机筛选 8100 个垂线偏差值，作为构建高精度大地水准面的另一种重力数据，见图 6-2(b)、6-2(c)。表

6-1 和表 6-2 分别列出了地面重力异常数据和垂线偏差数据的统计情况。

另外，本书搜集了该地区 1028 个 GPS/水准，用于检验基函数模型的质量。由于 GPS/水准点的高程(正高)精度比较高，而椭球高的误差却有可能达到几厘米，对 GPS/水准中椭球高误差较大的数据进行剔除，剔除后的 GPS/水准观测值数量为 782 个，整体精度优于±1cm。同时，考虑到几何大地水准面与重力大地水准面之间的系统偏差，将 GPS/水准随机分为两部分，其中，668 个数据用于重力大地水准面的拟合，剩下的 114 个数据作为实际检核点，如图 6-2(d)所示。

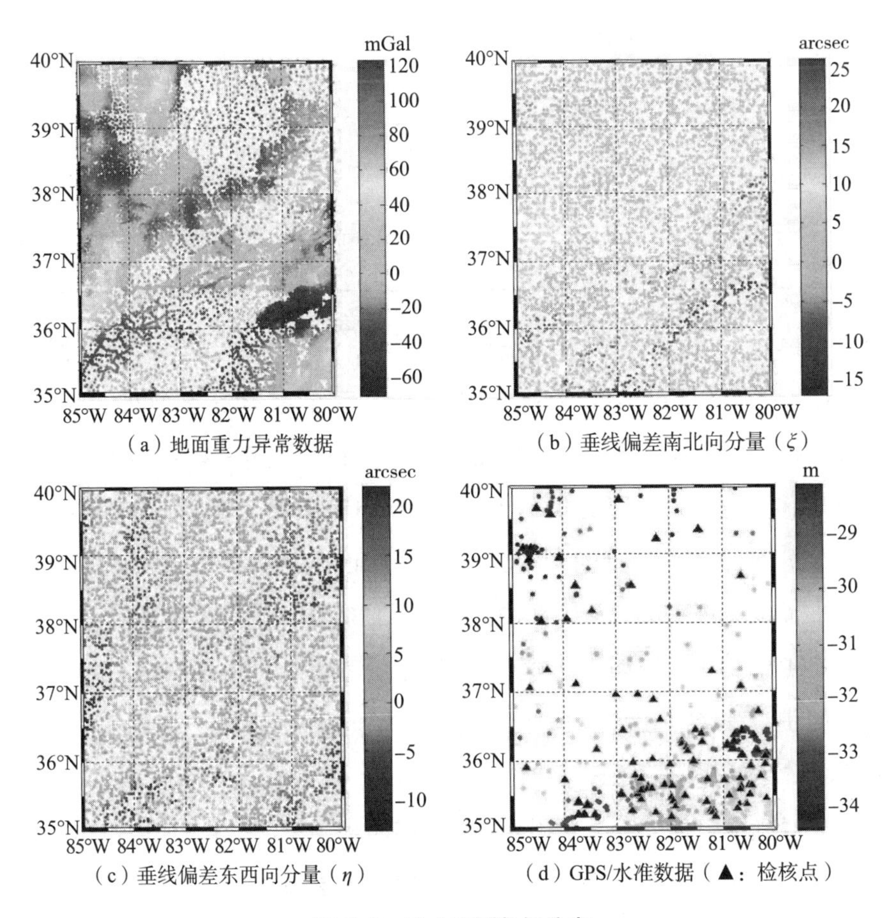


**图 6-2　重力观测数据分布**

表 6-1　地面重力异常数据统计情况　　单位：mGal

| 项目 | Max | Min | Mean | STD |
| --- | --- | --- | --- | --- |
| $\Delta g$ | 124.16 | −70.38 | −7.34 | ±27.99 |
| $Vg-\Delta g_{goco}$ | 114.30 | −69.69 | −4.44 | ±23.27 |
| $\Delta g-\Delta g_{goco}-\Delta g_{RTM}$ | 59.82 | −51.09 | 0.44 | ±19.13 |

表 6-2　垂线偏差数据统计情况　　单位：arcsec

| 项目 | Max | Min | Mean | STD |
| --- | --- | --- | --- | --- |
| $\xi$ | 29.47 | −18.44 | 1.23 | ±4.14 |
| $\xi-\xi_{goco}$ | 28.05 | −17.45 | 0.07 | ±3.42 |
| $\xi-\xi_{goco}-\xi_{RTM}$ | 12.47 | −10.06 | 0.07 | ±2.54 |
| $\eta$ | 22.15 | −16.43 | −0.09 | ±3.82 |
| $\eta-\eta_{goco}$ | 18.56 | −16.57 | 0.01 | ±3.16 |
| $\eta-\eta_{goco}-\eta_{RTM}$ | 10.04 | −11.36 | 0.01 | ±2.50 |

建模过程仍然采用移去-恢复技术，长波部分采用 ESA 融合 GRACE 和 GOCE 数据等得到的 GOCO05S 卫星重力场模型进行扣除，短波部分(地形影响)运用 RTM 进行计算。和 5.1 节一样，对卫星重力场模型移去阶次进行了分析。图 6-3 展示 GOCO05S 模型大地水准面阶中误差分布。从图 6-3 可以看到，随着球谐阶次的不断升高，累计大地水准面误差不断增大：当球谐阶次为 180 阶时，对应的累计大地水准面误差约为 1cm；当大于这一阶次时，累计误差增加较快，会造成更大的长波误差，因此，选择 180 阶作为重力场模型 GOCO05S 的移去阶次。

RTM 地形数据采用由 NASA 和美国国防部国家测绘局(NIMA)以及德国与意大利航天机构共同合作完成得到的分辨率为 30″×30″的航空雷达地形数据 SRTM30 (Shuttle Radar Topography Mission)，而参考高程面由 SRTM30 经过平滑、滤波后得到，分辨率为 1°×1°，计算采用柱状体积分法。图 6-4 为移去长波重力场模型和地形因素影响后重力数据分布情况，相关的数据统计见表 6-1 和表 6-2。参照表 6-1、表 6-2，地面重力异常和垂线偏差数据的分布都明显比原始数据平滑，最大、最小值和标准差均有大幅下降，且剩余值均值都接近于零。重力异常的标准差从±27. 99mGal 降低至±19. 13mGal；垂线偏差则分别从±4. 14arcsec、±3. 82arcsec 降低至±2. 54arcsec、±2. 50arcsec，表明“移去”过程有效地去除了部分重力场的长短波分量。

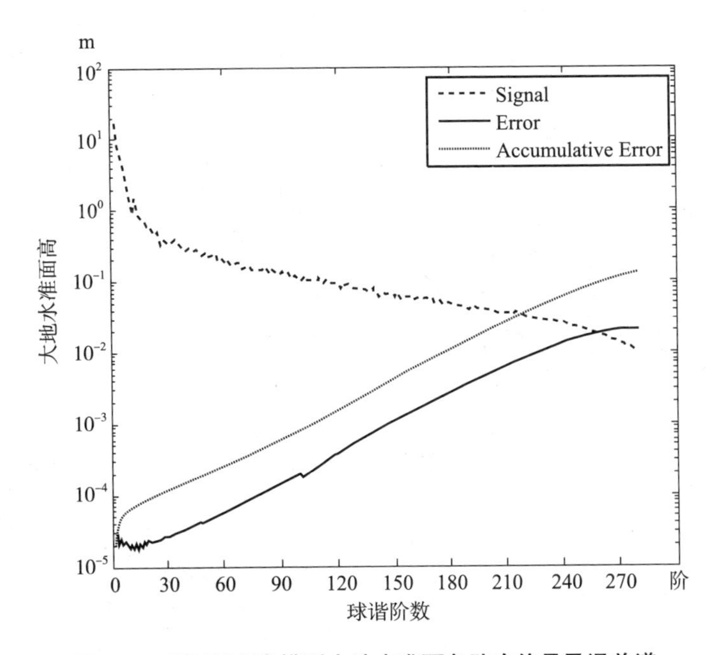


**图 6-3　GOCO05S 模型大地水准面各阶次信号及误差谱**

## 6. 1. 2　局部重力场建模

径向基函数类型依然采用 Abel-Poisson 核函数。考虑到该区域地形不是特别复杂，并且已经利用 RTM 扣除了部分高频信息，故将基函数展开阶次 $n$ 截断至 2500 阶；基函数格网仍然采用 Reuter 格网，经过多次不同的建模试验之后，当密度参数 $L=2500$ 时，重力异常和垂线偏差数据均达到最佳的建模效果，因此将 $L=2500$ 时的 Reuter 格网点坐标，作为径向基函数的最终设置位置，共计得到基函数 3801 个。建模过程首先对地面重力异常、垂线偏差南北分量和东西分量分别建立基函数模型，接着再联合所有数据共同建立基函数模型。图 6-5 为利用方差分量估计法求解出的四组重力场模型基函数系数的分布情况，为了表示方便，将由 $\Delta g$、$\xi$、$\eta$ 以及三者联合得到径向基函数模型分别表示为 $F(\Delta g)$、$F(\xi)$、$F(\eta)$ 和 $F(\Delta g, \xi, \eta)$。

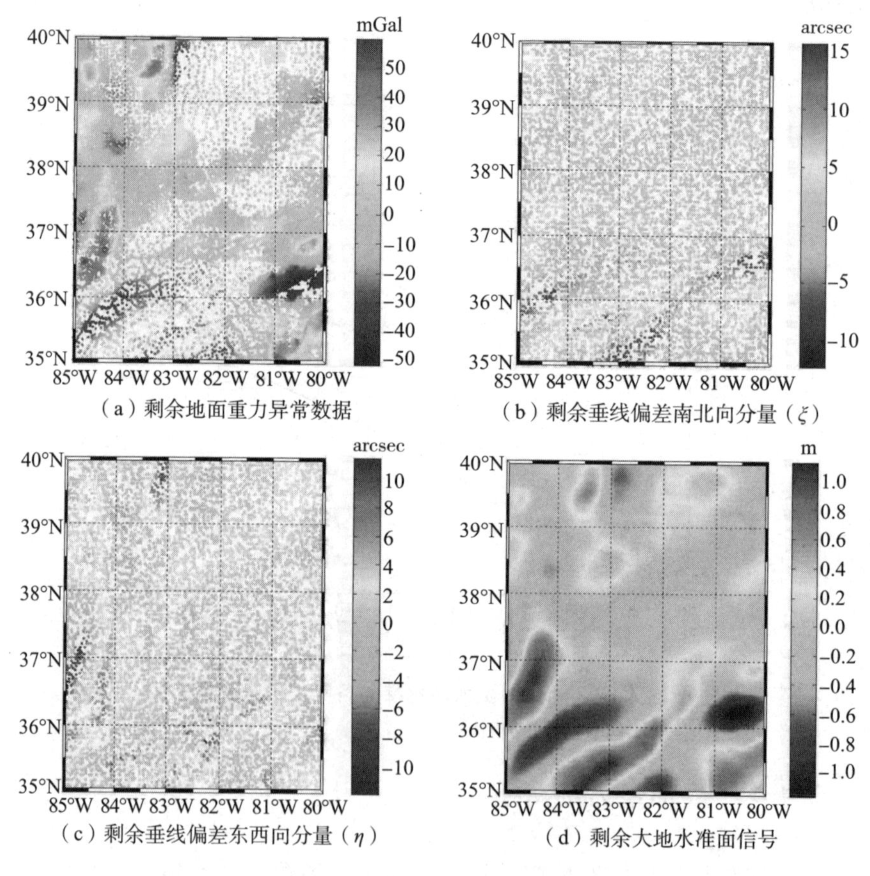


**图 6-4　剩余重力数据分布情况**

图 6-5 中，各个基函数模型系数分布特征基本一致，大小均在 $-8.4\times10^{5}\sim10.8\times10^{-5}$。其中，比较明显的是区域西南角的斜“三”字形分布和东南部边缘的基函数区域，这与图 6-4(d) 中剩余大地水准面信号的分布非

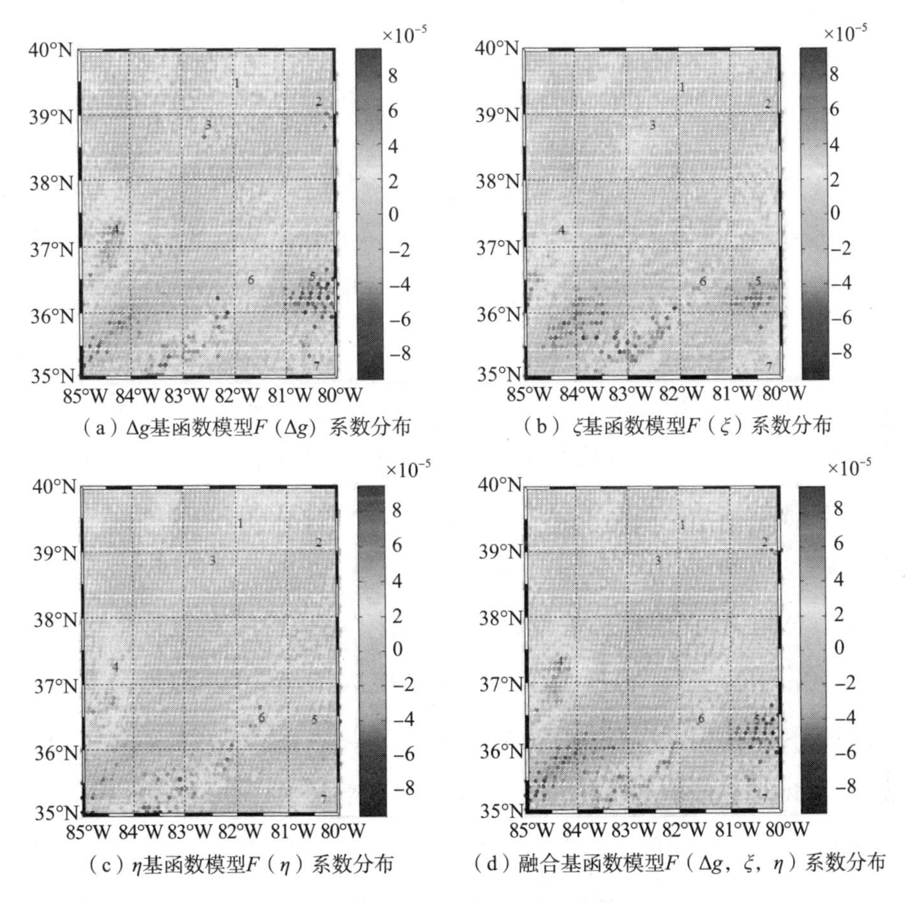


（a）$\Delta g$基函数模型$F$（$\Delta g$）系数分布　（b）$\xi$基函数模型$F$（$\xi$）系数分布

（c）$\eta$基函数模型$F$（$\eta$）系数分布　（d）融合基函数模型$F$（$\Delta g$，$\xi$，$\eta$）系数分布

**图 6-5　基函数模型系数分布**

常相似。这种情况被认为是符合实际情况的，实际上，Bentel 等(2013)曾指出：一组恰当的基函数系数解不仅要满足数学上成立，还必须具有物理意义，即所得基函数系数应与所求解信号(如剩余大地水准面信号)的分布存在一定相关性，只有这样，才能进一步对重力场信号进行滤波、分解、延拓以及重力场元间的相互转换等。另外，不同基函数模型的系数分布还存在些许差别。对比图 6-5(a)、6-5(b)可以看到，区块 2 和区块 3 附近$F(\Delta g)$模型的基函数系数出现少量异常负值；区块 1、区块 4 和区块 5 周围$F(\Delta g)$模型的基函数系数幅值明显大于$F(\xi)$模型；区块 6 所在的狭长

正基函数系数分布也有较大不同。对比图 6-5(b)、6-5(c)，区块 1 和区块 3 的正基函数系数分布明显不同；区块 5 周围和建模区最西南角 $F(\xi)$ 模型的基函数系数绝对值要显著大于 $F(\eta)$ 模型。融合基函数模型 $F(\Delta g, \xi, \eta)$ 的系数分布[图 6-5(d)]与 $F(\Delta g)$ 模型最为相似，但有少许不同，如区块 1、区块 2、区块 3 和区块 7 中 $F(\Delta g, \xi, \eta)$ 模型的异常基函数系数明显减少，基函数分布更加平滑等。这种情况与融合基函数模型构建过程中丰富的重力场信息有很大关联。

对四组基函数系数和图 6-4(d)的剩余大地水准面信号分别做了相关性分析，它们的相关系数见表 6-3。从表 6-3 可以看到，所有模型的基函数系数与剩余大地水准面信号的相关系数均大于 70%，其中，相似度最高的为融合基函数 $F(\Delta g, \xi, \eta)$，相关系数达到 79.2%，表明所得基函数系数物理意义上的正确性。基函数模型之间，系数分布相似度最高的为 $F(\Delta g)$ 和 $F(\Delta g, \xi, \eta)$ 模型，相关系数高达 90.6%；相似度最低的为 $F(\xi)$ 和 $F(\eta)$ 模型，相关系数仅为 62.9%。另外，融合基函数模型 $F(\Delta g, \xi, \eta)$ 与其他 3 个模型中任意一个的相关系数都大于 72%，而 $F(\Delta g)$、$F(\xi)$ 和 $F(\eta)$ 模型之间的相关系数却只有 62.9%～67.6%，证明了融合基函数模型有效地吸收了地面重力异常 $\Delta g$、垂线偏差南北分量 $\xi$ 和东西分量 $\eta$ 的重力场信息。

**表 6-3　基函数系数与剩余大地水准面信号的相关系数**

| | $N_{res}$ | $\alpha_{\Delta g}$ | $\alpha_{\xi}$ | $\alpha_{\eta}$ | $\alpha_{all}$ |
|---|---|---|---|---|---|
| $N_{res}$ | 1 | 0.718 | 0.701 | 0.720 | 0.792 |
| $\alpha_{\Delta g}$ | | 1 | 0.676 | 0.658 | 0.906 |
| $\alpha_{\xi}$ | | | 1 | 0.629 | 0.724 |
| $\alpha_{\eta}$ | | | | 1 | 0.721 |
| $\alpha_{all}$ | | | | | 1 |

图 6-6 为各基函数模型构建过程中的拟合误差分布，其中，图 6-6

(a)、6-6(c)、6-6(e)为 $F(\Delta g)$、$F(\xi)$ 和 $F(\eta)$ 基函数模型的拟合误差，图 6-6(b)、6-6(d)、6-6(f)为融合基函数模型 $F(\Delta g, \xi, \eta)$ 在 $\Delta g$、$\xi$ 和 $\eta$ 三个重力场分量的拟合误差。总体来说，融合模型与单种数据基函数模型在绝大部分区域的拟合误差分布类似，但在局部地区有明显差异，如图 6-6(a)、6-6(b)南部的重力异常稀疏区域，图 6-6(c)、6-6(d)和图 6-6(e)、6-6(f)中阿巴拉契亚山脉周边及其标注区块。造成这种差异的原因与输入数据尤其是垂线偏差数据本身的精度、数据的分布和数据量的多少有关。另外，值得注意的是，融合模型的拟合误差均方根值(RMS)都较单独模型大，尤其是上述差异较大的地区，但这并不代表单种数据基函数模型的精度较高。因为拟合误差只是输入数据与模型数据的符合程度好坏的度量(内符合精度)，如果输入数据本身含有较大误差，那么即使符合程度再好，所构建基函数模型的精度也不一定高(反而可能更低)。

### 6.1.3　径向基函数重力场模型精度的比较

为了评估上述各基函数模型的精度，依据得到的基函数系数和公式，分别计算该地区各模型对应的 2′×2′的剩余高程异常，接着恢复长波重力场和短波地形因素的高程异常影响，最后再利用式(2.9)(大地水准面起伏和高程异常关系式)计算得到基函数模型的大地水准面起伏。基函数模型剩余大地水准面起伏和恢复长、短波信息后全波段大地水准面起伏的分布状况如图 6-7、图 6-8 所示。图 6-7(a)、6-7(b)、6-7(c)、6-7(d)中，剩余大地水准面起伏的整体分布状况虽然比较类似，但在局部地区差异很明显，如图 6-7(b)的区块 1、区块 3 的剩余大地水准面值明显大于其他三图，而区块 4 的值却显著偏小；图 6-7(c)的区块 2 的剩余大地水准面高较其他三图略大等。

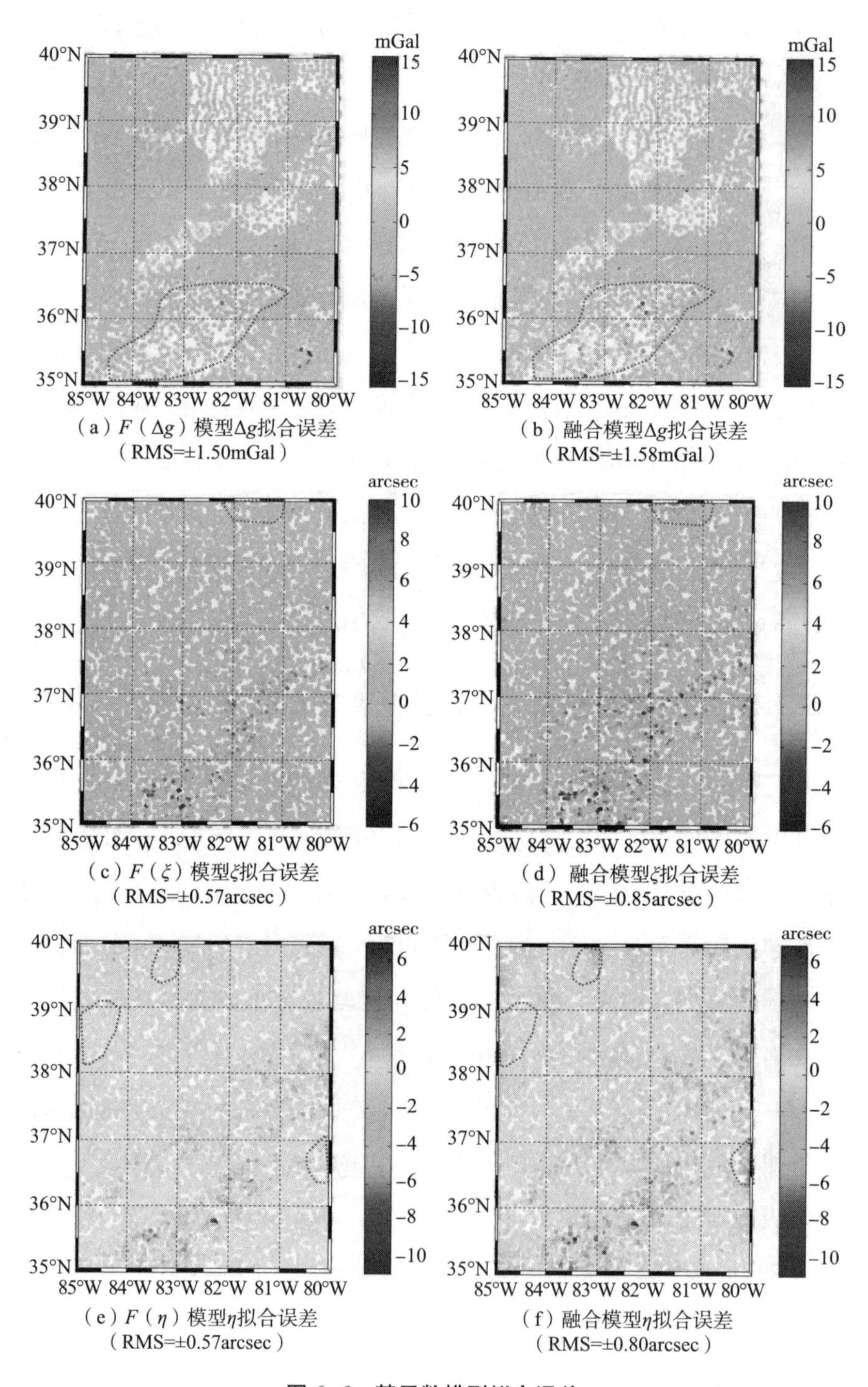


（a）$F$（$\Delta g$）模型$\Delta g$拟合误差（RMS=±1.50mGal）

（b）融合模型$\Delta g$拟合误差（RMS=±1.58mGal）

（c）$F$（$\xi$）模型$\xi$拟合误差（RMS=±0.57arcsec）

（d）融合模型$\xi$拟合误差（RMS=±0.85arcsec）

（e）$F$（$\eta$）模型$\eta$拟合误差（RMS=±0.57arcsec）

（f）融合模型$\eta$拟合误差（RMS=±0.80arcsec）

**图 6–6　基函数模型拟合误差**

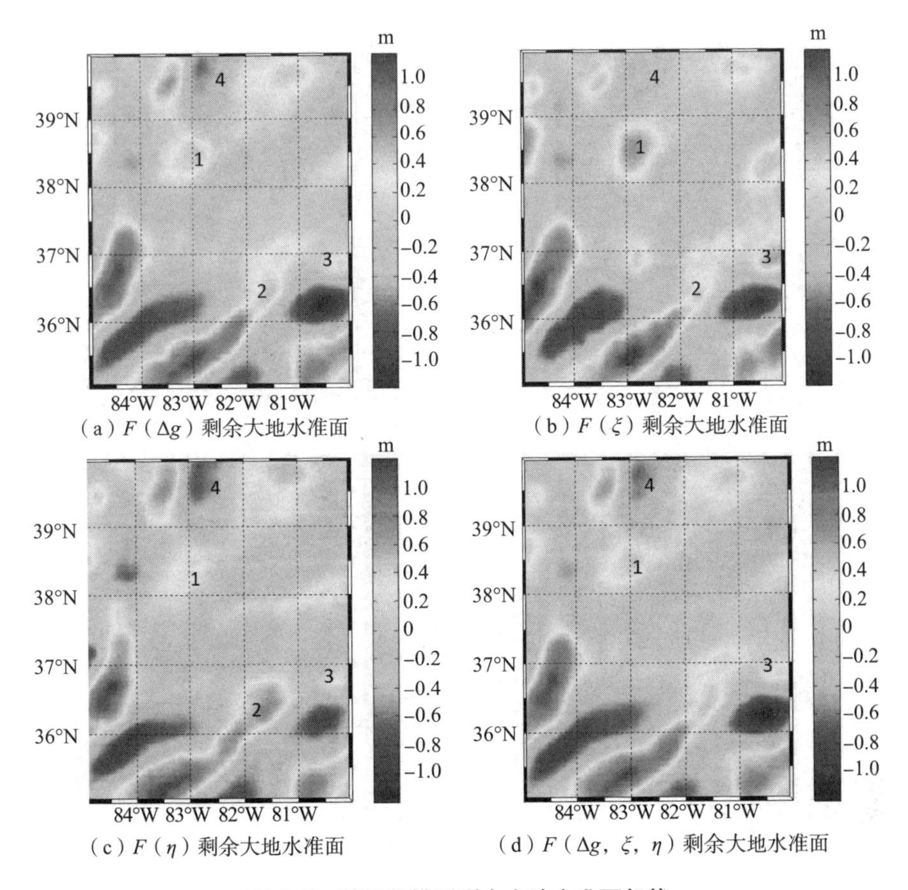

(a) $F(\Delta g)$ 剩余大地水准面　(b) $F(\xi)$ 剩余大地水准面

(c) $F(\eta)$ 剩余大地水准面　(d) $F(\Delta g, \xi, \eta)$ 剩余大地水准面

**图 6-7　基函数模型剩余大地水准面起伏**

图 6-8 和图 6-1(b) 均为全波段的大地水准面起伏，尽管分布趋势非常相似，但在数值上存在明显偏差，如 NGS 混合大地水准面[图 6-1(b)]变化范围为-34.8～-28.2m，而基函数模型得到的(重力)大地水准面却介于-35.8～-29.8m，两者存在 1.0～1.5m 的系统偏差，引起这一差异的原因可能与重力法和几何法参考椭球、高程基准的不一致以及参考椭球参数的精度(尤其是长半轴)有关。

为了进一步量化该地区几何大地水准面和重力大地水准面之间的差异，将各基函数模型计算的大地水准面起伏直接与 782 个 GPS/水准离散值进行了比较，如表 6-4 所示。

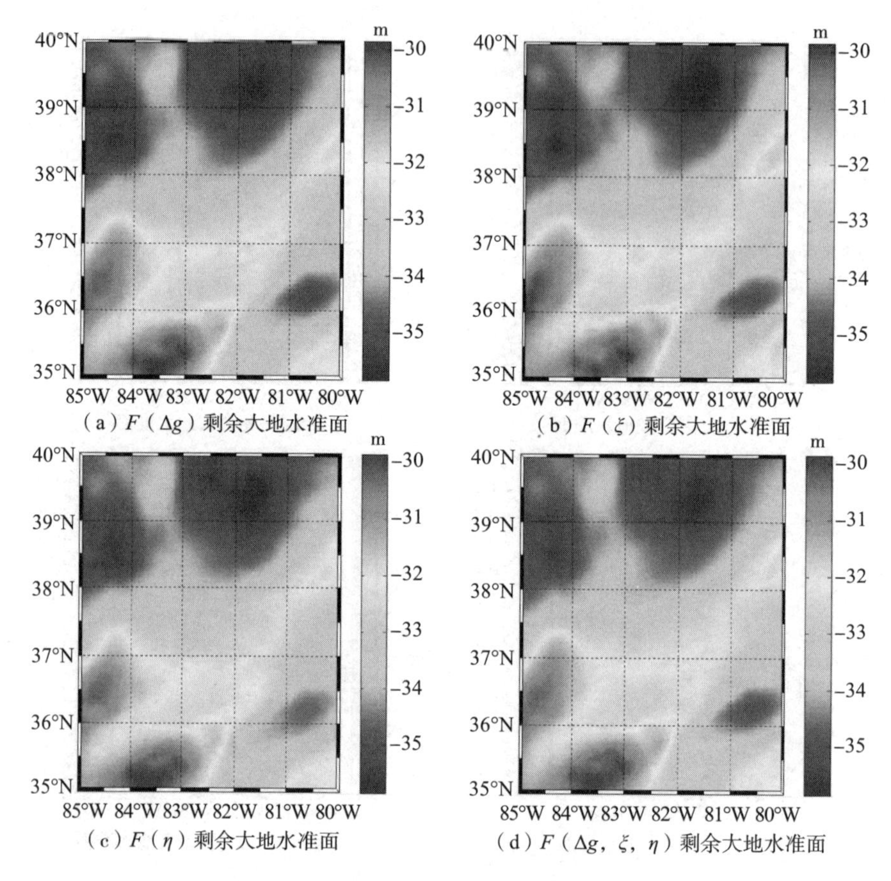


（a）$F$（$\Delta g$）剩余大地水准面　（b）$F$（$\xi$）剩余大地水准面

（c）$F$（$\eta$）剩余大地水准面　（d）$F$（$\Delta g$，$\xi$，$\eta$）剩余大地水准面

**图 6-8　基函数模型全波段大地水准面起伏**

**表 6-4　基函数模型大地水准面与 GPS/水准（$N$=782）的比较**　单位：m

| 项目 | Max | Min | Mean | STD | RMS |
|---|---|---|---|---|---|
| $F(\Delta g)$ | 1.742 | 1.204 | 1.488 | ±0.141 | ±1.495 |
| $F(\xi)$ | 1.985 | 1.017 | 1.475 | ±0.236 | ±1.484 |
| $F(\eta)$ | 1.938 | 0.960 | 1.496 | ±0.238 | ±1.510 |
| $F(\Delta g,\ \xi,\ \eta)$ | 1.749 | 1.205 | 1.489 | ±0.144 | ±1.496 |

表 6-4 中，各组模型的大地水准面差的均值均保持在 1.475～1.496m，而标准差却为±0.141～±0.238m，再次证明了基函数模型大地水准面确实存在约±1.48m 的系统偏差。在这种情况下，很难利用表 6-4 中的统计量

表征模型精度的高低。因此，必须先消除系统误差的影响，然后再进行比较，本书采用 GPS/水准一次多项式拟合的办法进行消除（Tscherning et al.，2015）。经过 668 个 GPS/水准拟合后的大地水准面与 GPS 检核点（114 个）的偏差绝对值分布如图 6-9 所示。从图 6-9 可以看到，单种数据基函数模型的误差明显大于融合模型的对应值。其中，$F(\Delta g)$ 模型在区域南部（35.2°N~36°N）、$F(\xi)$ 在区域中部（38°N~39.5°N）和区域北部（36°N~37°N）、$F(\eta)$ 在区域中部（36°N~37.5°N）分别存在较为明显的大地水准面误差；而在上述各模型的其他区域，大地水准面误差则相对较小。融合基函数模型 $F(\Delta g, \xi, \eta)$ 结合了 3 个模型在数据上的优势，较好地克服了单种数据基函数模型的局部误差影响，只是在东北角和南部山区残留较小的误差。

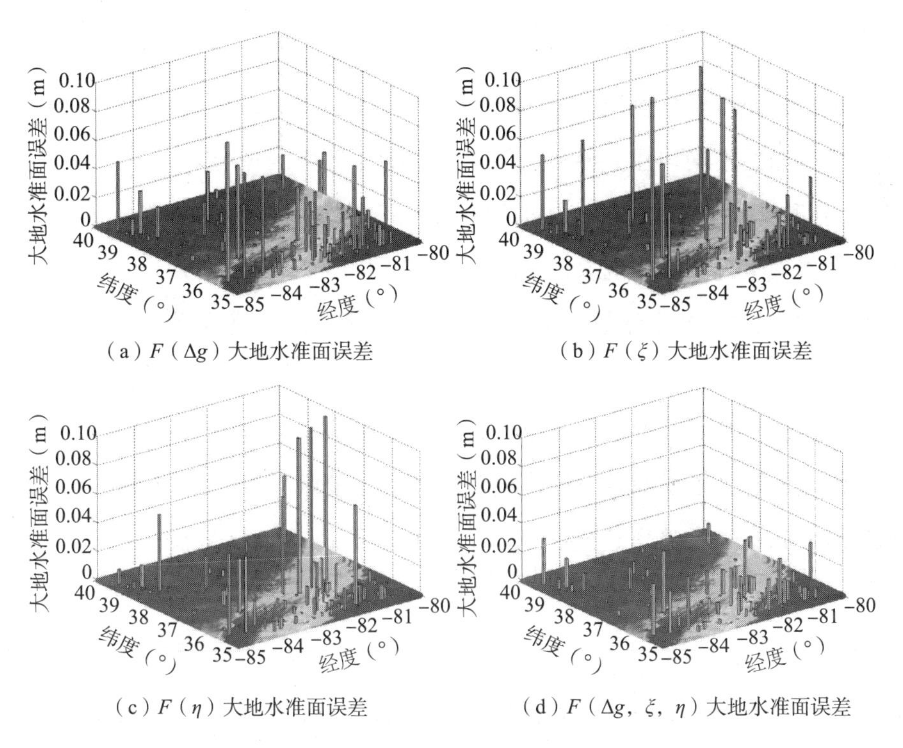


（a）$F(\Delta g)$ 大地水准面误差　（b）$F(\xi)$ 大地水准面误差

（c）$F(\eta)$ 大地水准面误差　（d）$F(\Delta g, \xi, \eta)$ 大地水准面误差

**图 6-9　GPS/水准拟合后的大地水准面精度**

模型误差的详细统计结果如表 6-5 所示。拟合后的大地水准面与GPS/水准检核点的大地水准面差异均值都接近于零，表明 GPS/水准拟合后很好地消除了系统误差。误差均方差保持在±0.012~±0.028m，最大绝对偏差出现在模型 F(ξ)上，为 0.128m；融合基函数模型的最大绝对偏差为 0.043m，误差均方根值(RMS)为±0.012m，明显优于单种数据直接建模得到的大地水准面精度，分别为±0.021m、±0.028m、±0.027m。

**表 6-5 基函数模型拟合大地水准面与 GPS/水准检核点($N$=114)的比较**

单位：m

| 项目 | Max | Min | Mean | STD | RMS |
|---|---|---|---|---|---|
| $F(\Delta g)$ | 0.055 | -0.097 | -0.001 | ±0.020 | ±0.021 |
| $F(\xi)$ | 0.102 | -0.128 | 0.003 | ±0.027 | ±0.028 |
| $F(\eta)$ | 0.114 | -0.069 | 0.002 | ±0.026 | ±0.027 |
| $F(\Delta g, \xi, \eta)$ | 0.036 | -0.043 | -0.001 | ±0.012 | ±0.012 |

造成径向基函数模型局部误差的原因：对于 $F(\Delta g)$模型来说，地面重力异常分布的不均匀性，导致了某些数据稀缺区域的拟合效果不好；而对于 $F(\xi)$和 $F(\eta)$来说，以较少的数据量去构建较高分辨率的重力场模型，势必会出现拟合不足的现象；而融合模型不会出现数据不均匀和数据量不够的问题，加之方差分量估计良好的融合特性，最终显著减小了建模误差。

通过运用基函数方法融合重力异常和垂线偏差对美国东部地区实际建模，有效地提高了局部重力场建模精度，融合模型最终得到的大地水准面约为±0.012m，分辨率达到了 2′×2′，证明了径向基函数融合方法的有效性。

## 6.2 参考重力场模型对精化局部大地水准面的影响

精确且详细的大地水准面信息对研究地球形状和内部构造至关重要。

近些年来，随着重力观测数据的不断累积，局部大地水准面模型精化成了备受众多学者关注的热点问题。参考场的选择多数是在建模前比较精度的基础上得到的，由于大地水准面建模是一个综合复杂的过程，单纯地建模前比较参考场与校准数据的一致性，其建模结果未必是最佳的。因此，本文采用建模后确定的方法，即对不同的参考场、不同的移去阶次，采用径向基函数建模理论，分别开展大地水准面建模试验，并在建模后比较其精度，最终确定出适合研究区域的参考场及截断阶次。

选取美国2.5°×5°的局部地区为研究对象，具体范围为35.5°N~38°N，108.5°W~103.5°W。该地区南北横跨科罗拉多州和新墨西哥州两个州，地形崎岖，坡度变化显著，平均高度为2225m，最高峰可达4278m。之所以选择该地区，是因为其属于科罗拉多大地水准面计划的一部分，且在该区域具有较充分的地面重力数据和航空重力数据覆盖，可以削弱重力数据不足对建模结果造成的影响。

## 6.2.1 数据准备与预处理

(1)建模数据

美国NGS提供了该地区大量的地面重力数据和航空重力数据，用于不同建模方法的比较，如图6-10所示。其中，地面重力数据分布较不均匀，平均点距约3.5km。另外，由于某些点位距离过近或重复，对其进行了剔除处理，共得到地面重力数据20636个。Saleh等(2013)对地面重力数据的质量进行了评估，结论是其精度约为$\pm 2.2\times10^{-5}m/s^2$。航空重力数据采用去除系统偏差的、采样频率为1Hz的GRAV-DMS05数据。主测线呈东西走向，平均线距为10km；副测线呈南北走向，平均线距约80km。测线分布比较均匀，较好地覆盖了研究区域。为了减少计算压力，仿照Saleh等(2013)的做法，将原始航空重力数据进行下采样至1/8Hz，共得到航空重力数据16103个。

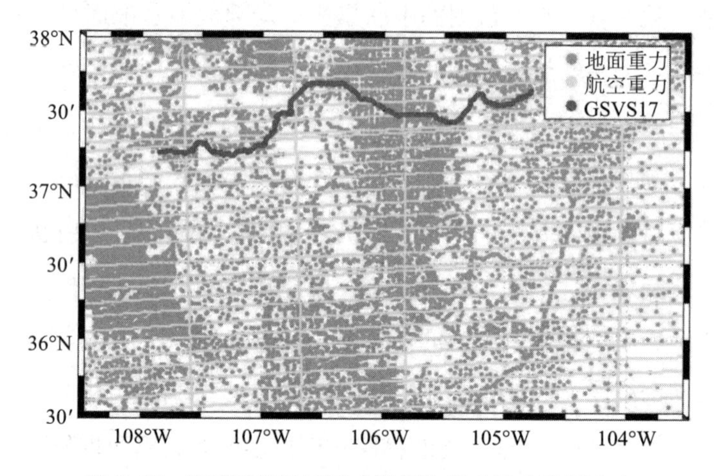


**图 6-10　研究区域地面重力数据和航空重力数据分布**

此外，搜集了该地区 223 个高精度的 GSVS17 GPS/水准。GSVS17 点间距约 1.6km，经平差处理后，其大地水准面高误差约为±1.5cm，可用于大地水准面模型的精度评估。

(2)重力数据预处理

重力场建模前数据基准应该统一。在平面基准上，由于地面重力、航空重力和 GSVS17 均基于 IGS08(International GNSS Service)参考框架，故不做处理。但是，在高程方面，由于航空重力数据提供的是椭球高，而地面重力数据为 NAVD88 正高(North American Vertical Datum 1988)。因此，为了统一，本书将地面重力数据的正高也转化为椭球高，在此处键入公式

$$h_{ter}=H_{ter}+N_{Geoid18} \tag{6.1}$$

式中，$h_{ter}$、$H_{ter}$分别表示地面重力数据的椭球高和正高，$N_{Geoid18}$为 NGS 提供的混合大地水准面模型，可用于椭球高和正高之间的转化。

接着，对于这两种类型的观测值，均执行以下预处理步骤，进而得到大气改正后的重力扰动数据：①将绝对重力观测值 $g$ 减去观测高度处的正常重力值 $\gamma$ 得到重力扰动 $\delta g_0$；②对上述重力扰动进行大气改正。

$$\delta g=\delta g_0+0.874-9.9\times10^{-5}h+3.56\times10^{-9}h^2 \tag{6.2}$$

式中，$\delta g$ 为大气改正后的重力扰动，$\delta g_0$ 为原始重力扰动，$h$ 为观测值椭球高。

### 6.2.2 移去-恢复技术

移去-恢复(Remove-Compute-Restore，RCR)技术是局部大地水准面精化经常采用的处理手段，它将重力场信号分为长波信号、中波信号和短波信号，在“移去”阶段，先移除长波信号和短波信号分量，得到剩余重力数据

$$\delta g_{res}=\delta g-\delta g_{egm}-\delta g_{RTM} \tag{6.3}$$

式中，$\delta g_{res}$、$\delta g$ 分别为剩余和原始重力扰动数据；$\delta g_{egm}$ 为长波重力场的贡献，通常用参考重力场模型表示；$\delta g_{RTM}$ 为短波地形因素引起的重力效应，可采用 RTM 计算。

在转化阶段，利用剩余重力数据计算出对应的剩余高程异常或大地水准面。本书采用径向基函数的方法进行转化。

在恢复阶段，将转化得到的剩余高程异常加上长波参考重力场模型和短波地形因素高程异常的贡献，得到全波段的高程异常信息

$$\zeta=\zeta_{res}+\zeta_{egm}+\zeta_{RTM} \tag{6.4}$$

式中，$\zeta$ 为全波段的高程异常，$\zeta_{res}$ 为剩余高程异常，$\zeta_{egm}$ 和 $\zeta_{RTM}$ 分别为长波重力场模型、短波地形因素高程异常的贡献。

最终，根据高程异常与大地水准面的转换关系式，可得建模区域内任意一点的大地水准面

$$N_g=\zeta+\frac{\Delta g_B}{\gamma}H \tag{6.5}$$

式中，$N_g$ 为大地水准面，$\zeta$ 为高程异常，$\Delta g_B$ 是布格重力异常，$\gamma$ 为正常重力，$H$ 取正高。

### 6.2.3 模型建立与参考重力场模型确定

(1)模型建立

径向基函数建模受建模区域、展开阶次、基函数位置等多种因素的影响，在此做出简要说明。首先，考虑到径向基函数建模普遍出现的“边缘效应”，依据LIEB等(2016)的研究，将原始研究区域四周各扩展0.1°，得到建模区域，即35.4°N~38.1°N、108.6°W~103.4°W。其次，径向基函数最大展开阶次与数据的空间分辨率有关，该地区数据分辨率基本可以满足2′×2′的建模需求。因此，本书将基函数建模阶次展开至5400阶。最后，径向基函数位置取决于采用的格网类型和数量，本书采用Reuter格网，格网分辨率水平取5400，共计格网点数10251个。

(2)参考重力场模型的确定

为了确定研究区域的最佳参考场及截断阶次，本书选取了6个参考重力场模型，分别为XGM2016、ITU-GGC16、XGEOID17、GOCO05S、GO_CONS_GCF_2_DIR_R6(DIR_R6)和EGM2008，进行建模后的精度比较。参考重力场模型的相关信息如表6-6所示。表6-6中，XGM2016(719阶)、EGM2008(2190阶)和XGEOID17(2190阶)为融合重力场模型，其他3个为纯卫星重力场模型。之所以选择这几个模型，是因为XGM2016、GOCO05S、XGEOID17是科罗拉多大地水准面计划推荐的参考场模型；而DIR_R6、ITU-GGC16曾被用于该地区大地水准面模型的构建。另外，EGM2008模型是国际公认的高分辨率重力场模型，故将其作为备选参考场之一。

**表6-6 参考重力场模型相关信息**

| 模型 | 阶次 | 数据构成 | 移去(截断)阶次 | 建模次数(次) |
|---|---|---|---|---|
| XGM2016 | 719 | A，G，S | 200：20：300，360：60：660，719 | 13 |
| GOCO05S | 280 | S | 200：20：280 | 5 |
| DIR_R6 | 300 | S | 200：20：300 | 6 |
| ITU-GGC16 | 280 | S | 200：20：280 | 5 |

续表

| 模型 | 阶次 | 数据构成 | 移去(截断)阶次 | 建模次数(次) |
|---|---|---|---|---|
| XGEOID17 | 2190 | G，S | 200：20：300、360：60：660、719、800：200：2000、2159 | 21 |
| EGM2008 | 2190 | A，G，S | 200：20：300、360：60：660、719、800：200：2000、2159 | 21 |

注：A表示卫星测高数据，S表示卫星重力数据，G表示地面或航空重力数据。

由于6个重力场模型的阶次范围不尽相同，为了覆盖所有参考场模型的阶次范围，同时兼顾计算效率，采用不同的截断阶次，分别对重力数据进行移去处理。另外，仅移去参考模型贡献的剩余值仍不够光滑，尤其是在高山区，地形效应的扣除必不可少。本书采用 dV_ELL_Earth2014 和 ERTM2016 的组合模型，进行剩余地形影响 RTM 的扣除。需要说明的是，依据参考场移去阶次的不同，RTM 扣除也同步发生变化，即从参考模型的移去阶次开始扣除 RTM 影响。这在一定程度上会混淆重力场移去阶次的贡献。但是，不同的参考重力场模型，RTM 影响是一致的，可以进行比较。

得到剩余重力数据后，便可进行径向基函数系数的求解。本书中两类重力观测值数据总量为 36739，远多于径向基函数个数 10251 个，因此能满足求解需求。整体上，在 15~20 次迭代之后，所有建模过程的方差因子趋于稳定，且绝大多数建模后的方差因子维持在 $\sigma_1^2=4.35\times10^{-10}$、$\sigma_2^2=3.14\times10^{-10}$附近，从而得到航空重力数据与地面重力数据的权重比 $\omega\approx1.2:1$。基于此，建立了不同移去阶次下的多个径向基函数模型。

最后，将上述建模后得到的剩余大地水准面恢复为全波段的大地水准面，直接与 GSVS17 进行作差比较。不同移去阶次下重力场融合建模后大地水准面与 GSVS17 的差异情况如图 6-11 所示，部分移去阶次下的统计情况如表 6-7 所示。需要说明的是，由于 NAVD88 与全球垂直基准之间存在 85cm 的系统偏差，故本书所有 RMS 差异比较，均扣除了该系统偏差值的影响。从图 6-11 中可以看到，大地水准面模型的精度与参考重力场模型的截断阶次密切相关。随着移去阶次的增大，大地水准面差异 RMS 呈现出先急剧降低后缓慢升高的变化趋势(图 6-11 中虚线)。尤其在 200~280 阶，差异变化比较明显，从约±0.045m 降低至±0.022m 左右。在 280~420 阶，大地水准面误差逐渐降低，其中，在 420 阶达到最小值。超过 420 阶以后，RMS 随着阶次的升高有略微增大趋势，而误差标准差 STD 值则趋平缓。

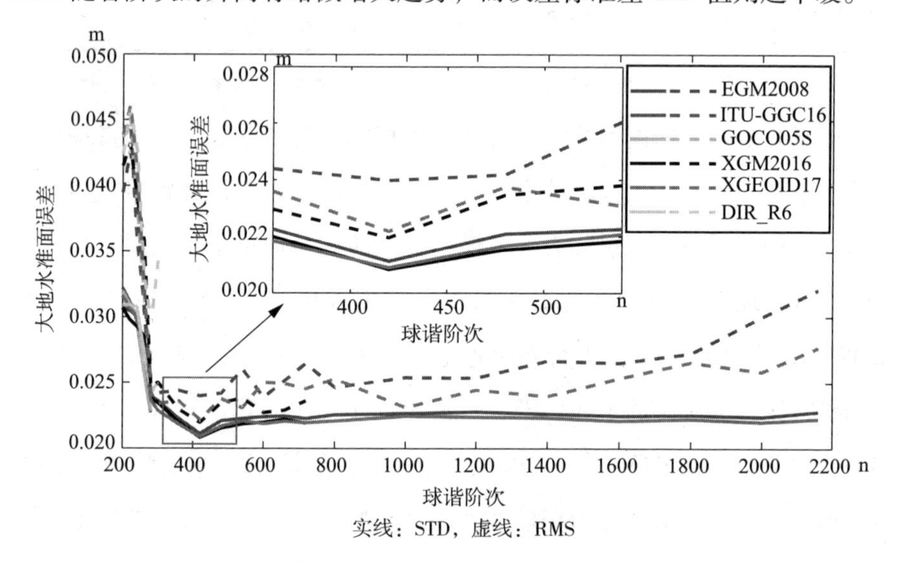


**图 6-11　参考重力场模型移去阶次对建模精度的影响**

**表 6-7　不同移去阶次下的大地水准面与 GSVS17 大地水准面差异 RMS 统计**

单位：cm

| 参考重力场模型 | 移去阶次 | | | | | |
|---|---|---|---|---|---|---|
| | 200 阶 | 280 阶 | 420 阶 | 719 阶 | 1400 阶 | 2159 阶 |
| ITU-GGC16 | 4.4 | 2.5 | | | | |
| GOCO05S | 4.4 | 2.7 | | | | |
| DIR_ R6 | 4.2 | 3.0 | | | | |
| XGM2016 | 4.1 | 2.4 | 2.2 | 2.4 | | |
| EGM2008 | 4.0 | 2.4 | 2.4 | 2.7 | 2.7 | 3.2 |
| XGEOID17 | 4.4 | 2.4 | 2.2 | 2.5 | 2.4 | 2.8 |

另外，不同参考场模型在移去阶次 280 阶以内，无论是 STD 还是 RMS，其建模差异均不明显；而在 280 阶以后，RMS 差异逐渐显现。其中，移去 420 阶的 XGM2016 模型对应的差异最小(图 6-11 中放大区域)，其 RMS 值为 2.2cm，略优于 XGEOID17 模型。在 420~719 阶，XGM2016、

XGEOID17 和 EGM2008 呈现不同程度的误差波动，但 XGM2016 仍然较优。在 720 阶以后，受参考场最大阶次的限制，只有 XGEOID17 和 EGM2008 参与了建模比较。从图 6-11 可以看到，随着移去阶次的升高，两者大地水准面误差 RMS 整体呈缓慢上升趋势。当 1000 阶以后，在相同的移去阶次情况下，XGEOID17 模型的差异 RMS 低于 EGM2008 模型 0.2~0.5cm。

需要指出的是，上述最佳参考场的选择(移去 420 阶的 XGM2016 模型)，是基于本书特定研究区域和数据的基础上确定出来的。但是，若研究区域和重力数据发生变化，则参考场及其最佳移去阶次的选择仍有待验证。因此，针对上述情况，将地面重力数据和航空重力数据分别筛选至不同的分辨率，用 XGM2016 作为参考场，采用与表 6-6 中相同的移去阶次，进行建模后的精度比较，见图 6-12。从图 6-12 可以看到，随着数据分辨率的降低，与 GSVS17 的差异 RMS 值整体上越来越大，其中 1′和 1.5′的分辨率数据对应的最佳移去阶次为 600 阶，而 2′分辨率数据对应的最佳移去阶次为 220 阶。可见，随着数据分辨率的变化，参考场的最佳移去阶次也会发生改变。同样地，随着研究区域的变化，其结果也会改变，因为研究数据发生了变化。

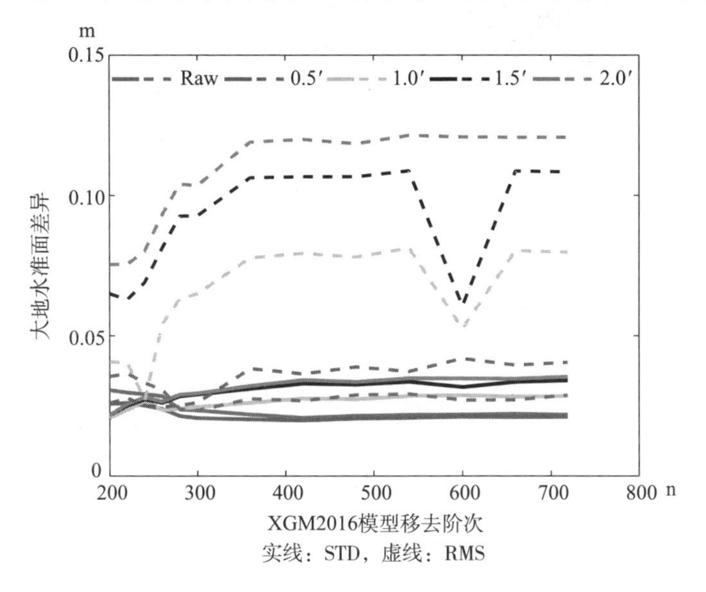


**图 6-12 不同分辨率的重力数据对建模结果的影响**

综上所述，在本文研究区域内，移去420阶的XGM2016得到的大地水准面与GSVS17对应值差异最小，因此选择其作为该区域精化大地水准面模型的参考场。

### 6.2.4 大地水准面模型精度比较与分析

(1)与GSVS17大地水准面高比较

为了进一步评估基于最佳参考场构建的大地水准面模型(XGM420)准确性，额外选取了ISG(International Service for the Geoid)5个机构提供的大地水准面(该5个模型均采用XGM2016作为参考模型)，分别插值到223个GSVS17对应点，并与GSVS17大地水准面高进行直接作差比较。各模型大地水准面与GSVS17大地水准面高之间的差异情况如图6-13所示，差异统计结果见表6-8。

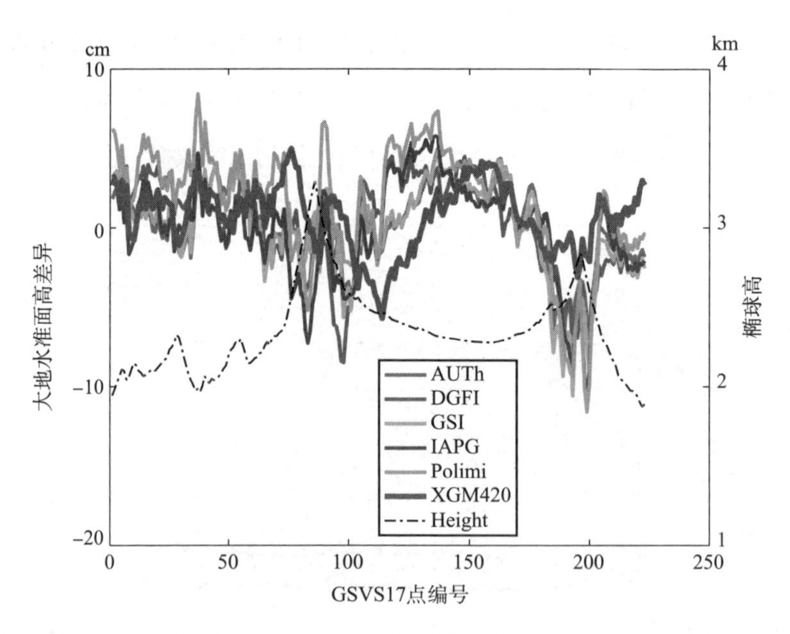


图6-13 不同机构提供的大地水准面高与GSVS17的差异(Nmodel-NGSVS17)

表 6-8 不同机构提供的大地水准面高与 GSVS17 的差异统计 单位：cm

| 机构 | Max | Min | Mean | STD | RMS | Range |
|---|---|---|---|---|---|---|
| AUTh | 5.0 | -7.9 | -0.6 | 2.6 | 2.6 | 12.9 |
| DGFI | 4.5 | -8.5 | 0.3 | 3.1 | 3.1 | 13.0 |
| GSI | 4.8 | -10.5 | 0.3 | 3.0 | 3.0 | 15.3 |
| IAPG | 5.8 | -10.6 | -0.1 | 3.1 | 3.1 | 16.4 |
| Polimi | 8.4 | -11.6 | -1.7 | 3.8 | 4.0 | 20.0 |
| XGM420 | 5.0 | -5.7 | 0.7 | 2.1 | 2.2 | 10.7 |

结合图 6-13 和表 6-8 可以看出，各模型差异的整体变化趋势基本一致，单个机构大地水准面模型（XGM420 除外）的 RMS 值在 2.6～4.0cm 变化。其中，XGM420 模型与 GSVS17 差异最小，RMS 值为 2.2cm；而 Polimi 模型与 GSVS17 差异最大，为 4.0cm。同时，表 6-8 还显示了各模型最大值与最小值之间的差异范围，从 XGM420 模型的 10.7cm 直至 Polimi 模型的 20.0cm，差异范围变化较大，且均值达到了 14.7cm，这对于 1.0cm 精度的大地水准面建模目标来说是相当大的数值。可见，高精度大地水准面模型的构建任务依然艰巨。另外，从图 6-13 看到，在水准点编号 100 和 200 附近，模型差异比较明显，最大偏差可达 11cm。这一情况的发生可能与该区段复杂的地形及地面重力数据的稀缺有关（见图 6-10）。值得说明的是，在编号 100 和 200 附近，正是地势变化比较显著的区域，而 XGM420 模型较其他几个模型改善尤其明显，一定程度上表明了本文参考场确定方法的有效性。

（2）与区域大地水准面模型平均值比较

由于 GSVS17 处于地形高程变化相对较平缓的地带，且数量不大，单纯与之比较未必能代表全部研究区域的误差大小。因此，本书利用 ISG 所有机构提交的该区域模型的平均值作为校准模型，对 XGM420 模型精度做进一步评估。具体做法为，利用 XGM420 模型，计算目标区域（36°N～

37.5°N、108°W~104°W)、2′×2′的大地水准面网格数据，并与 ISG 区域模型平均值进行作差比较。XGM420 模型大地水准面及其与区域模型平均值的差异分布情况如图 6-14、图 6-15 所示，统计数据见表 6-9，同样将表 6-8中部分 ISG 模型加入比较。

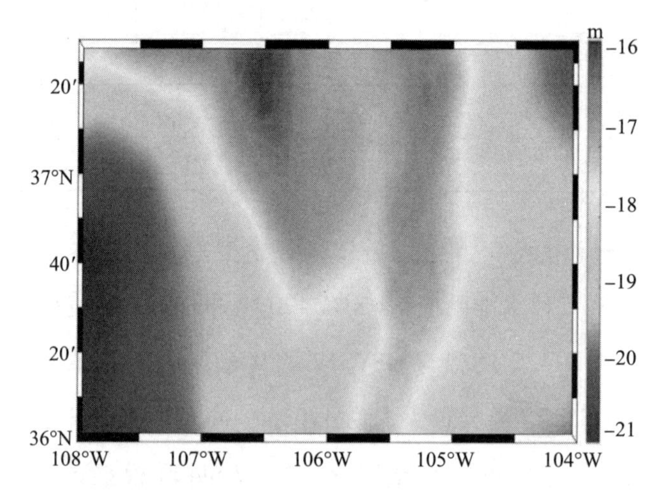


图 6-14　XGM420 模型大地水准面的分布情况

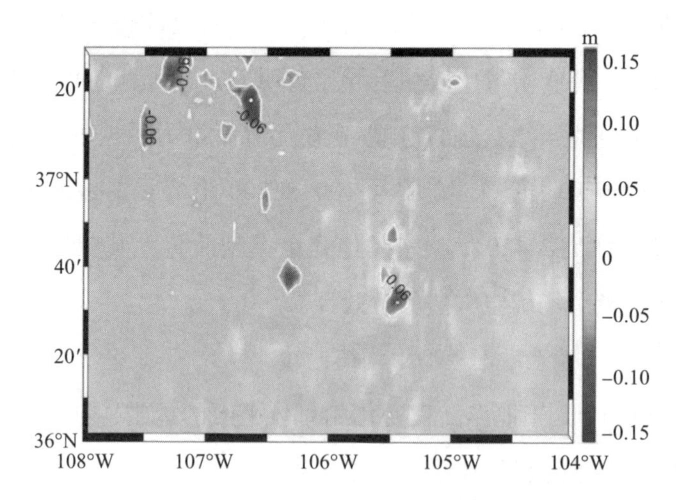


图 6-15　XGM420 与 ISG 平均大地水准面模型的差异分布情况

**表 6-9　XGM420 与 ISG 平均大地水准面模型的差异统计**　　单位：cm

| 机构 | Max | Min | Mean | STD | RMS | Range |
|---|---|---|---|---|---|---|
| DGFI | 8. 3 | −14. 0 | −0. 9 | 2. 3 | 2. 4 | 22. 3 |
| GSI | 23. 0 | −18. 9 | 0. 2 | 2. 8 | 2. 8 | 41. 9 |
| IAPG | 7. 1 | −14. 0 | −1. 3 | 2. 1 | 2. 5 | 21. 1 |
| XGM280 | 14. 8 | −17. 3 | −1. 8 | 2. 7 | 3. 2 | 32. 1 |
| XGM719 | 15. 5 | −15. 6 | −0. 8 | 2. 3 | 2. 5 | 31. 1 |
| XGM420 | 15. 8 | −15. 2 | −0. 6 | 2. 3 | 2. 4 | 31. 0 |

注：AUTh 模型和 Polimi 模型在该区域模型值不全，未进行比较。

从图 6-15 可以看到，相对于平均大地水准面，XGM420 模型差异超过±6cm 的区域主要集中于东、西两侧的山脉地带，这些区域的高程普遍较高，而且地面重力数据分布稀疏，在一定程度上反映出重力数据密度和质量对于高精度大地水准面模型构建的重要性。而大部分区域，差异值相对较小，基本不超过±5cm。就差异 RMS 值而言，XGM420 与 DGFI 模型精度相当，RMS 值均为 2. 4cm；但相对其他模型，XGM420 的精度改善 1~8mm。另外，从差异的范围来看，GSI 模型最大，达到 41. 9cm；XGM 系列模型次之，范围均值约 31. 4cm。XGM 系列模型和其他 3 个模型总体范围均值为 29. 2cm，同样反映出 1cm 大地水准面建模精度的巨大挑战。

总的来说，在本研究区域内，误差较优的是移去 XGM2016 模型至 420 阶得到的融合大地水准面模型 XGM420(见图 6-14)，其与 ISG 平均大地水准面差异标准差和均方根误差分别为 2. 3cm、2. 4cm。差异分布相对均匀，一定程度上表明了参考场确定方法的可行性。

## 6. 3　融合航空和地面重力数据构建局部高阶地球重力场模型

随着航空测量技术的发展，局部地区可获得越来越多的航空重力数据。在地面重力测量难以到达的地区，开展航空重力测量，可以有效填补这些地区的数据空白，进而改善重力场模型的精度和分辨率。因此，理论上两者的结合可以构造出高分辨率的重力场模型。

然而，应用航空数据的重力场建模仍有以下问题需要解决。一方面，航空重力测量采集的是航线轨迹高度上的离散点，通常需要进行向下延拓。由于向下延拓是一个高频噪声不断放大的不稳定过程，延拓后的航空数据质量势必有所下降。另一方面，航空数据的分辨率受飞行高度、速度等因素的制约，其能恢复的重力场频谱范围有限，属于带限重力信号；另外，原始观测数据中包含了大量高频噪声，尽管可以采取低通滤波处理，处理后的频谱信息仍然存在不确定性。目前，学术界普遍认为航空重力信号对应的频谱范围为100~2200阶，并在未来随着航空数据分辨率的提高，有望达到4000阶，但在特定区域建模时更加准确的航空数据频谱范围仍有待研究。因此，确定航空重力数据的有效阶次并将其有用信息提取出来成为局部重力场模型精化的关键问题。

鉴于上述原因，本节主要采用带限型径向基函数解决包含有航空重力数据的重力场模型精化问题。首先，航空重力观测方程可以直接在离散的观测点处建立，而不需要网格化或者向下延拓至平均飞行高度。因此，观测误差可以在空间上分配给特定的观测对象，从而在很大程度上削弱了数据格网化和延拓引起的误差。其次，带限型径向基函数在频率域内的级数展开方式，使其能够根据重力数据的频谱信息做出调整，从而解算出更加“真实”的地球重力场模型(系数)，这是非带限型径向基函数和其他空域数据处理方法难以做到的。最后，径向基函数的良好局部化特性，使其能够在小区域内利用观测数据建立模型，在数值计算方面存在优势，局部高阶高精度地球重力场模型的构建成为可能。

### 6.3.1 理论和方法

对于球面外的任意剩余重力信号 $T_{res}$，可以用径向基函数形式表示如下

$$T_{res}(x) = \frac{GM}{R_E}\sum_{i=1}^{N}\alpha_i \Psi_i(\boldsymbol{x},\ \boldsymbol{x}_i) \tag{6.6}$$

式(6.6)中，$\boldsymbol{x}$、$\boldsymbol{x}_i$ 分别表示观测值、径向基函数极点所在的位置向量，其

中 $\boldsymbol{x}$ 位于半径为 $R$(Bjerhammar 球半径)的球面 $\sigma_R$ 上或外部，$\boldsymbol{x}_i$ 位于球面 $\sigma_R$ 上。$T_{res}(x)$为剩余扰动位，由原始信号移去重力场模型和地形因素的影响后得到，$GM$ 为地球引力系数，$R_E$ 为地球平均半径，$\alpha_i$ 是未知的径向基函数系数。$\boldsymbol{\Psi}_i(\boldsymbol{x}, \boldsymbol{x}_i)$为带限径向基函数，具体表达形式为

$$\boldsymbol{\Psi}_i(\boldsymbol{x}, \boldsymbol{x}_i) = \sum_{n=n_{\min}}^{n_{\max}} k_n \frac{2n+1}{4\pi}\left(\frac{R}{r}\right)^{n+1} P_n(\cos\boldsymbol{\theta}_i) \tag{6.7}$$

式(6.7)中，$P_n$ 为勒让德多项式，$\boldsymbol{\theta}_i$ 为 $\boldsymbol{x}$、$\boldsymbol{x}_i$ 之间的球面夹角，$r$ 为与位置向量 $\boldsymbol{x}$ 对应的观测值向径，$n_{\min}$ 和 $n_{\max}$ 为径向基函数展开的最小和最大阶次。$k_n$ 为基函数核，它决定了基函数在频率域和空间域的表现情况。

在球近似情况下，重力异常 $\Delta g$、扰动重力 $\delta g$ 与扰动位 $T$ 存在如下泛函关系

$$\begin{cases} \Delta g = -\dfrac{2}{r}T - \dfrac{\partial T}{\partial r} \\ \delta g = -\dfrac{\partial T}{\partial r} \end{cases} \tag{6.8}$$

将式(6.6)、式(6.7)两式分别代入式(6.8)，则剩余重力异常 $\Delta g$ 和剩余扰动重力 $\delta g$ 的径向基函数表达式可表示为

$$\begin{cases} \Delta g_{res}(\boldsymbol{x}) = \dfrac{GM}{R_E}\sum\limits_{i=1}^{N}\alpha_i \sum\limits_{n=n_{\min}}^{n_1} k_n \dfrac{(n-1)}{\boldsymbol{r}}\dfrac{(2n+1)}{4\pi}\left(\dfrac{R}{\boldsymbol{r}}\right)^{n+1} \\ P_n(\cos\boldsymbol{\theta}_i) = \dfrac{GM}{R_E}\sum\limits_{i=1}^{N}\alpha_i \Gamma_i(\boldsymbol{x}, \boldsymbol{x}_i) \end{cases} \tag{6.9}$$

$$\begin{cases} \delta g_{res}(\boldsymbol{x}) = \dfrac{GM}{R_E}\sum\limits_{i=1}^{N}\alpha_i \sum\limits_{n=n_{\min}}^{n_2} k_n \dfrac{(n+1)}{\boldsymbol{r}}\dfrac{(2n+1)}{4\pi}\left(\dfrac{R}{\boldsymbol{r}}\right)^{n+1} \\ P_n(\cos\boldsymbol{\theta}_i) = \dfrac{GM}{R_E}\sum\limits_{i=1}^{N}\alpha_i \Theta_i(\boldsymbol{x}, \boldsymbol{x}_i) \end{cases} \tag{6.10}$$

上两式中，$\Gamma_i(\boldsymbol{x}, \boldsymbol{x}_i)$、$\Theta_i(\boldsymbol{x}, \boldsymbol{x}_i)$分别是与剩余重力异常 $\Delta g_{res}(\boldsymbol{x})$、剩余扰动重力 $\delta g_{res}(\boldsymbol{x})$对应的径向基函数，$n_1$、$n_2$ 为各自径向基函数展开的最大阶次。实际计算过程中，$n_1$ 和 $n_2$ 的取值与重力数据的频谱范围有关。

需要特别说明的是，本文所用的径向基函数均为带限型的，它的优势在于可以根据观测数据的频谱信息对基函数的阶次 $n$ 灵活地进行调节。对于全频谱信号(如地面重力异常)，足够大的 $n_{max}$ 值即可满足要求；而对于带限信号来讲，如航空扰动重力，$n_{max}$ 的确定则比较困难，本文提供了一个寻求最佳带限信号 $n_{max}$ 的方法，在求解出最优重力场模型的同时确定航空数据的最佳阶次，将在 6. 3. 5 节进行介绍。

## 6. 3. 2　研究区域与数据预处理

### 6. 3. 2. 1　研究区域

本书选取美国西部 3°×4°的区域(36°N～39°N，108°W～104°W)为研究对象，如图 6-16 所示。该地区南北横跨科罗拉多州和新墨西哥州，地形复杂，平均高程 2394m。西北部多山，海拔较高，最高峰达 4310m；中部为圣路易斯山谷，属于高原沙漠地貌，平均高程 2130m；东部为高原地形，地势较其他地区稍平缓。另外，为了克服边缘效应，将建模区域缩减 0. 5°，即目标区域为 36. 5°N～38. 5°N、107. 5°W～104. 5°W(如虚线框所示)。

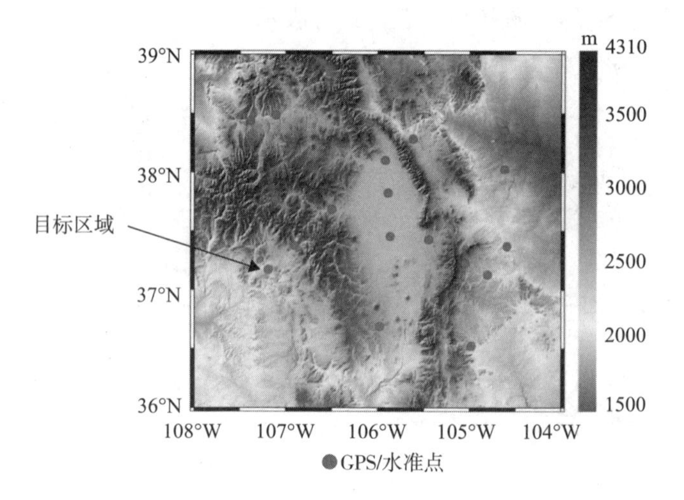


图 6-16　研究区域地形

### 6.3.2.2 数据准备与预处理

(1)地面重力异常数据

地面数据采用NGS提供的离散地面重力异常数据。由于某些点位距离过近，甚至存在重复，对部分数据进行了剔除，共得到原始地面重力异常数据14102个，如图6-17所示。处理后的地面重力异常数据均介于$-73.86\times10^{-5}\sim209.39\times10^{-5}m/s^2$(见表6-10)，分布较不均匀，除区域中心的圣路易斯山谷的数据分布密集之外，其他地区数据都比较稀疏。有学者对NGS地面重力数据的精度进行了研究，结论是重力异常长波(2~120阶)误差为亚毫伽级，而短波误差约为±2.2mGal。因此，地面重力异常的精度约为±2.2mGal。

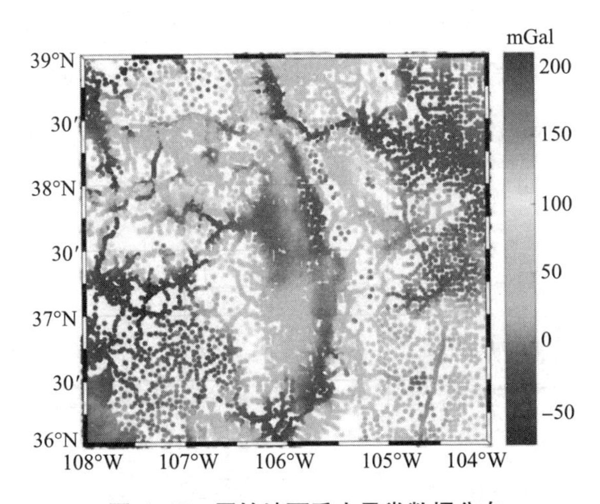


**图6-17 原始地面重力异常数据分布**

**表6-10 重力数据统计** 单位：mGal

| 编号 | 数据类型 | 最大值 | 最小值 | 均值 | 标准差 |
|---|---|---|---|---|---|
| ① | $\Delta g^{ter}$ | 209.39 | -73.86 | 14.21 | ±37.67 |
| ② | $\Delta g^{ter}-\Delta g^{egm}$ | 165.92 | -105.29 | -14.69 | ±35.44 |
| ③ | $\Delta g_{res}^{ter}=\Delta g^{ter}-\Delta g^{egm}-\Delta g^{RTM}$ | 145.02 | -101.93 | -11.56 | ±32.89 |
| ④ | $\delta g^{air}$ | 121.39 | -41.37 | 16.57 | ±32.08 |

续表

| 编号 | 数据类型 | 最大值 | 最小值 | 均值 | 标准差 |
|---|---|---|---|---|---|
| ⑤ | $\delta g^{air}-\delta g^{egm}$ | 100.43 | −61.17 | −4.29 | ±25.50 |
| ⑥ | $\delta g_{res}^{air}=\delta g^{air}-\delta g^{egm}-\delta g^{RTM}$ | 96.14 | −60.84 | −4.37 | ±25.24 |
| ⑦ | $\delta g_{res\_corr}^{air}$ | 111.19 | −58.96 | −0.88 | ±25.40 |

注：①原始重力数据；②扣除 DIR_ R6 重力场模型前 200 阶影响后的剩余重力数据；③扣除重力场模型和地形影响的剩余重力数据；⑦系统偏差校正后的剩余航空重力数据。

(2)航空扰动重力数据

航空数据采用美国的 GRAV-D MS05 数据。图 6-18(a)显示了研究区域内航空测线(MS05)的分布情况。飞机名义飞行高度为 20000 英尺(6096m)，平均飞行速度为 250 节(115.69m/s)，采样频率为 1Hz；主测线平均线距为 10km，呈东西方向，副测线平均线距约 80km，呈南北方向。测线分布比较均匀，覆盖了绝大部分研究区域。NGS 对原始绝对重力数据进行了 3 次 120s(6σ)的高斯滤波，通过交叉点分析，航空重力数据的内符合精度为±2.26mGal。

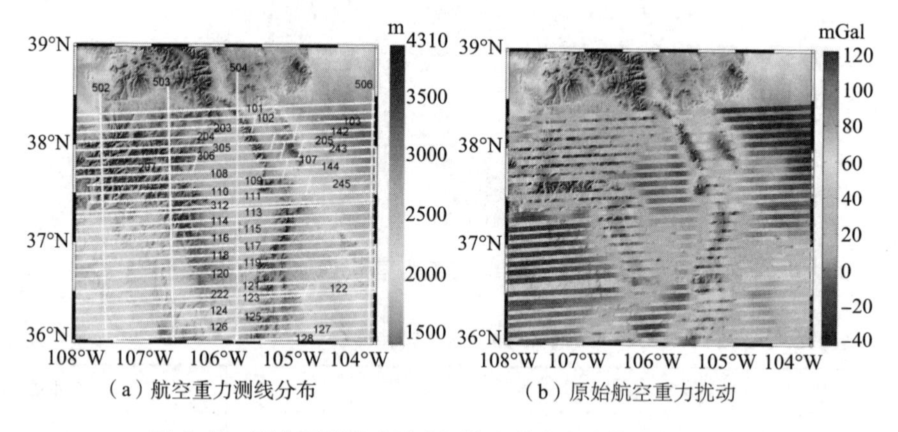

(a) 航空重力测线分布　　(b) 原始航空重力扰动

**图 6-18　研究区域航空重力测线和航空重力扰动数据分布**

航空重力数据的分辨率受飞行高度、航距等的影响，其分辨率的估算公式为

$$\lambda_f \approx 3.08 \times Z_c \tag{6.11}$$

式中，$\lambda_f$ 为最小可分辨地物波长，$Z_c$ 为观测高度。

按飞机名义高度(6096m)计算，航空重力数据的分辨率约为 9.3km(半波长)。基于此，对原始重力数据进行筛选，并转化为重力扰动，共得航空重力 6736 个，如图 6-18(b)所示。对比图 6-18(b)和图 6-17，原始航空重力数据与地面重力数据在分布和限值上都有较大差异，航空重力扰动的变化范围为-41.37~121.39mGal(表 6-10)，明显小于地面重力异常的-73.86×$10^{-5}$~209.39×$10^{-5}$ m/$s^2$，造成这种情况的原因在于两者的频谱差异。

(3)GPS/水准

本书从 NGS 搜集到了目标区域共 67 个 GPS/水准。由于水准测量的精度较高，GPS/水准大地水准面的精度主要取决于椭球高。故对原始数据中椭球高误差>±0.01m 的数据进行了剔除，共得到 23 个 GPS/水准点数据，其精度均优于±0.01m，见图 6-16。

### 6.3.3 移去处理

由于局部重力数据难以恢复地球远区重力场的贡献，采用移去-恢复技术，先移去长波重力场模型和短波地形因素的影响，对剩余数据进行处理，最后再恢复重力场模型和地形的贡献。为了减小“移去”误差，比较了 6 种不同的重力场模型的累计大地水准面阶中误差，结果见图 6-19。从图 6-19看到，随着球谐阶次的不断增大(图 6-19 纵轴为对数尺度)，各模型的累计大地水准面误差变化趋势很不一致。EGM2008 模型在 0~90 阶累计误差急剧增加，而其他模型则相对缓慢。误差最小的为 GO_CONS_GCF_2_DIR_R6 模型，其最大累计误差为±0.08m，低于其他重力场模型，因此，选定将 GO_CONS_GCF_2_DIR_R6 卫星重力场模型作为背景场。但是，一方面，若直接选取该模型的最大球谐阶次(300 阶)进行移去处理，其累计误差就会远大于厘米级大地水准面的建模目标，移去的同时可能会引入更大的误差。另一方面，移去的 GO_CONS_GCF_2_DIR_R6 模型的阶次也不能过小，否则卫星重力场模型将不能完全恢复长波重力场的贡献，而且可能造成得到的剩余重力数据不够平滑，进而影响基函数系数的求解。综合以上因素，在尽可能减少数据传递误差的同时，尽可能使所剩余重力数据平滑以便于基函数系数的求解。因此，本书选取 200 阶的 GO_CONS_GCF_2_DIR_R6 模型作为移去-恢复过程的背景场。不过，这里的截断阶次 200 阶未必是最佳的，将在后续研究中进一步探索。

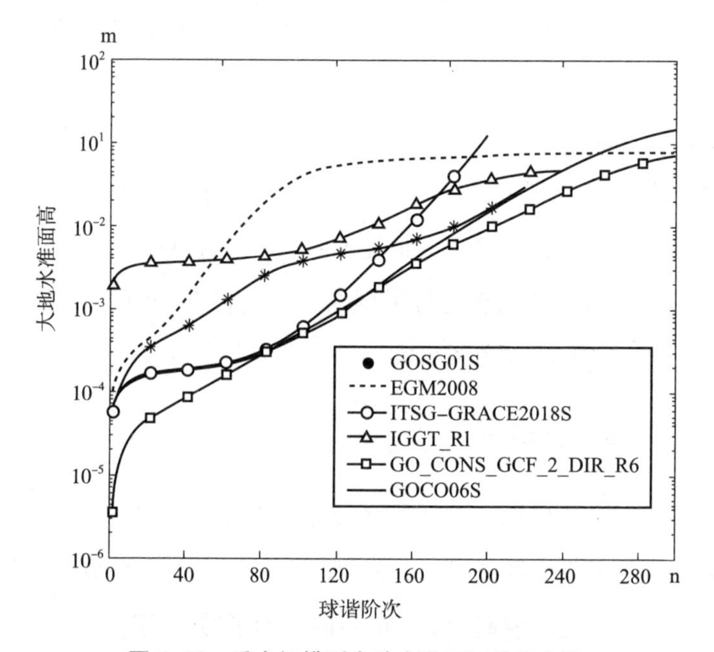


**图 6-19　重力场模型大地水准面误差阶方差**

地形影响运用 RTM 进行处理，计算方法采用柱状体积分法。其中，原始地形面数据采用由 NASA 与德国、意大利共同合作得到的分辨率为 30″×30″的航空雷达地形测绘任务数据，参考高程面数据由 SRTM30 经过平滑、滤波后得到。

移去长波重力场模型和地形因素影响后剩余地面重力异常及剩余航空重力扰动的统计情况如表 6-10 所示。从表 6-10 可以看到，“移去”处理后，地面重力异常和航空重力扰动的标准差均有所降低，从原来的 ±37. 67mGal 和±32. 08mGal 分别降低到±32. 89mGal 和±25. 24mGal。

### 6.3.4 一致性分析

多源重力融合前数据基准要统一，故对GPS/水准、航空重力扰动和地面重力异常数据基准进行了探查，结果见表6-11。

表6-11 各类数据基准统计

| 数据类型 | 平面基准 | 高程基准 |
| --- | --- | --- |
| GPS/水准 | WGS84 | 水准点正高：NAVD88 |
| | | GPS 椭球高：NAD83 |
| 航空重力扰动 | WGS84 | GPS 椭球高：WGS84 |
| 地面重力异常 | NAD83 | 正高：NAVD88 |

从表6-11可以看到，航空数据的平面基准为WGS84，而地面重力异常的平面基准是NAD83，由于NAD83基准是基于GRS80椭球建立起来的，而GRS80和WGS84椭球的平面坐标差异很小，故本书不对其进行改正。在高程基准上，航空重力数据使用的是椭球高，而地面重力的高程为NAVD88正高。因此，本节将航空数据椭球高转化为正高：

$$H_{air} \approx h_{air} - N_{\mathrm{EGM2008}} \tag{6.12}$$

式中，$H_{air}$、$h_{air}$ 分别表示航空扰动重力的正高和椭球高，$N_{\mathrm{EGM2008}}$ 为EGM2008模型计算的大地水准面。需要说明的是，尽管EGM2008的大地水准面精度不高（约dm级），但由于重力变化对高程并不敏感（$\delta g/\delta h \approx -0.3086\mathrm{mGal/m}$），大地水准面误差对建模结果的影响不大。

### 6.3.5 系统性偏差探测与校正

尽管进行了基准统一，但由于采集方法和处理手段等的差异，两种数据仍然可能存在系统性偏差。为了探测和消除系统性偏差的影响，本书利用地面重力数据单独建立径向基函数模型，对航空数据进行预测，并与实际观测值进行比较。

但是，由于航空数据是每条航线逐行采集，不同航线的观测条件不同，故航线间的系统性偏差也可能不同。另外，航空重力数据经过了滤波处理，是带限重力信号，其频谱信息有待进一步确定(约2000阶)。因此，仅采用固定的球谐阶次对其系统偏差进行探测是不合适的。基于上述两点原因，在1500阶、1800阶、2100阶、2400阶、2700阶和3000阶6个不同的阶次上，对每一条航空重力测线，分别进行探测比较。探测方法如下。

①利用剩余地面重力异常和式(6.9)单独建立径向基函数模型，并反求出基函数系数 $\alpha$。

②将步骤①求得的径向基函数系数 $\alpha$ 代入式(6.10)，并将式(6.10)中的 $n_2$ 分别设置为1500、1800、2100、2400、2700、3000，计算航空剩余扰动重力预测值。

③将航空重力预测值与实际观测值作差，逐测线统计其系统偏差。

各航线在不同探测阶次下的系统性偏差分布情况如图6-20所示。各航线的系统偏差均值统计见表6-12。

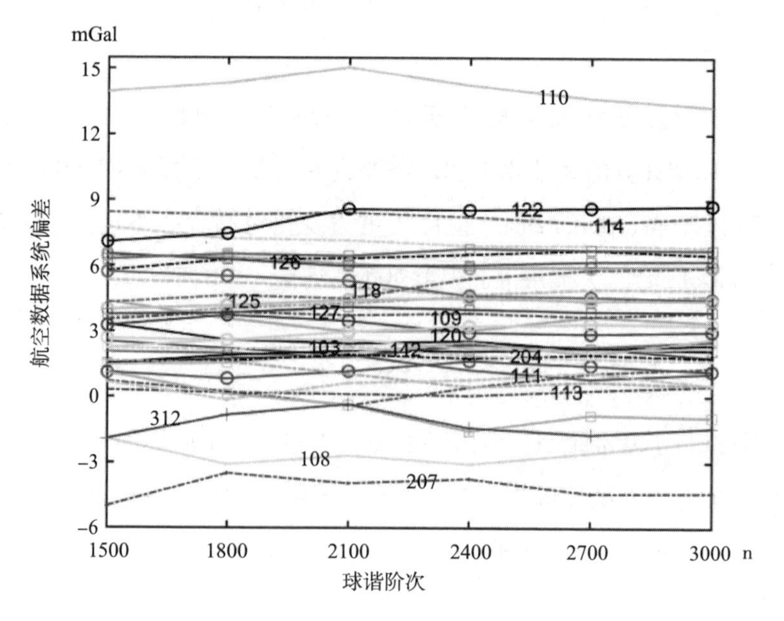


**图6-20　航空重力测线系统偏差**

从图 6-20 可以看到，航空重力数据相对地面重力数据确实存在系统偏差，且多数航线的系统偏差对球谐阶次的变化并不敏感，球谐阶次越高，系统偏差越趋于稳定。另外，不同航线上的系统性偏差有较大差异。比较明显的正系统偏差是航线 110 和航线 122，它们的偏差值分别达到了 15.0mGal 和 8.57mGal，而最大的负系统偏差是航线 207，约-3.96mGal（见表 6-12）。全部航线中，系统偏差超过±2.26mGal（先验精度）的航空测线占总测线数的 64%。因此，若不加处理，如此之大的系统偏差将会影响融合效果。

**表 6-12 各航线系统偏差统计** 单位：mGal

| 航线编号 | 101 | 102 | 103 | 107 | 108 | 109 | 110 | 111 | 113 |
|---|---|---|---|---|---|---|---|---|---|
| 系统偏差 | 1.88 | 1.80 | 1.78 | 2.42 | -2.70 | 2.98 | 15.0 | -0.42 | 0.11 |
| 航线编号 | 114 | 115 | 116 | 117 | 118 | 119 | 120 | 121 | 122 |
| 系统偏差 | 8.39 | 6.32 | 7.13 | 4.26 | 5.01 | 1.14 | 3.46 | 5.28 | 8.57 |
| 航线编号 | 123 | 124 | 125 | 126 | 127 | 128 | 142 | 144 | 203 |
| 系统偏差 | 2.96 | 6.05 | 4.41 | 5.96 | 4.09 | 6.43 | 2.08 | 2.59 | -0.39 |
| 航线编号 | 204 | 205 | 207 | 222 | 243 | 245 | 305 | 306 | 312 |
| 系统偏差 | 1.99 | 3.72 | -3.96 | 4.48 | 1.90 | 2.30 | 1.02 | 0.61 | -0.36 |

为了改善两种重力数据的不一致性，对每条航线的系统性偏差进行了进一步校正，将每条航线的剩余重力值减去其对应的系统偏差，进而得到新的剩余航空重力扰动。系统偏差改正后，重力扰动的均值由-4.37mGal 变为-0.88mGal（见表 6-10）。

### 6.3.6 融合建模与精度比较

径向基函数建模与基函数类型、格网等多种因素有关，本书采用 Shannon 径向基函数和 Reuter 数据格网。利用上文所得剩余地面重力异常和剩余航空扰动重力，代入式（6.9）、式（6.10），可列方程式（6.13）。研究区域内（3°×4°）地面重力异常数据总量为 14102，则对应地面重力数据的分辨率约为1.75′。出于数据不均匀性的考虑，将式(6.13)中剩余地面重力异常对应的径向基函数展开至6000阶，对应的模型分辨率为1.8′。但是，由于航空数据是带限信号，频谱信息不确定，因此必须对其最佳展开阶次($n_{air}$)进行分析。

$$\begin{cases}\Delta g_{res}(x_{\Delta g})=\dfrac{GM}{R}\sum_{i=1}^{N}\alpha_i\sum_{n=201}^{6000}k_n\dfrac{(n-1)}{r_{\Delta g}}\dfrac{(2n+1)}{4\pi}\left(\dfrac{R}{r_{\Delta g}}\right)^{n+1}P_n(\cos\theta_{\Delta g})\\ \delta g_{res}(x_{\delta g})=\dfrac{GM}{R}\sum_{i=1}^{N}\alpha_i\sum_{n=201}^{n_{air}}k_n\dfrac{(n+1)}{r_{\delta g}}\dfrac{(2n+1)}{4\pi}\left(\dfrac{R}{r_{\delta g}}\right)^{n+1}P_n(\cos\theta_{\delta g})\end{cases} \tag{6.13}$$

(1)残差-先验精度比较分析法

本书提出将航空数据建模残差与其先验精度比较分析的方法(残差-先验精度比较法)确定航空重力数据的径向基函数最佳展开阶次$n_{air}$。具体方法如下。

①在较大的阶次范围(1500~3000阶)，采用适当的航空数据展开阶次步距变化(如100)，与重力异常数据融合建模。找出建模残差与航空数据先验精度相差最小的展开阶次，称“初始阶次”(粗建模)。

②在“初始阶次”附近，采用更小的阶次步距变化(如20)，再次与重力异常数据融合建模。计算模型大地水准面，并与GPS/水准比较，进而挑选出差异最小的航空数据阶次，称“次优阶次”(细建模)。

③在“次优阶次”附近，选择比步骤②更小的步距(如10)，利用GPS/水准，确定大地水准面误差最小对应航空数据阶次，即“最佳阶次”(精建模)。

步骤①中，只进行建模而不求解大地水准面(也不进行GPS外符合比较)，目的是减少计算量的同时快速锁定航空数据最佳球谐阶次所在的范围；之所以选用建模残差与先验精度比较，是因为若融合后模型的误差很小，则其计算的重力扰动应接近“真值”，那么模型计算值与观测值的残差RMS就应当接近其先验精度。步骤②之所以用GPS/水准外符合，是因为无论通过交叉点平差估计的航空数据先验精度，还是融合后的径向基函数重力场模型，都有一定的误差，因此建模残差对应的球谐阶次不一定是最优的。

(2)重力场建模

依据残差-先验精度比较分析法，对航空重力数据的最佳阶次进行探查。依据残差-先验精度比较法确定的航空重力数据最佳阶次如图6-21所示。灰色曲线为不同航空数据展开阶次下的建模残差，黑色曲线为不同径向基函数展开阶次下的大地水准面外符合精度(为了说明方法的有效性，对粗建模的外符合精度也进行了计算)。粗建模的阶数步距变化选为100，阶次变化范围选为1500~3000阶。当航空重力数据展开阶次为1800阶时，建模残差RMS为±2.36mGal，与其先验精度±2.26mGal最接近，因此，选择1800阶作为细建模时的“初始阶次”。在细建模阶段，将步距设置为20阶，并在1700~1840阶与地面重力异常数据联合建模。当展开阶次为1740阶时，其对应的大地水准面误差达到局部极小，约±0.097m。最后(精建模)，在1740~1760阶，对1750阶进行最后一次融合计算，所得大地水准面误差约为±0.096m，则1750阶即为本书探测的航空重力数据最佳球谐阶次，而±0.096m即为融合航空重力扰动数据和地面重力异常数据后的最优大地水准面精度。

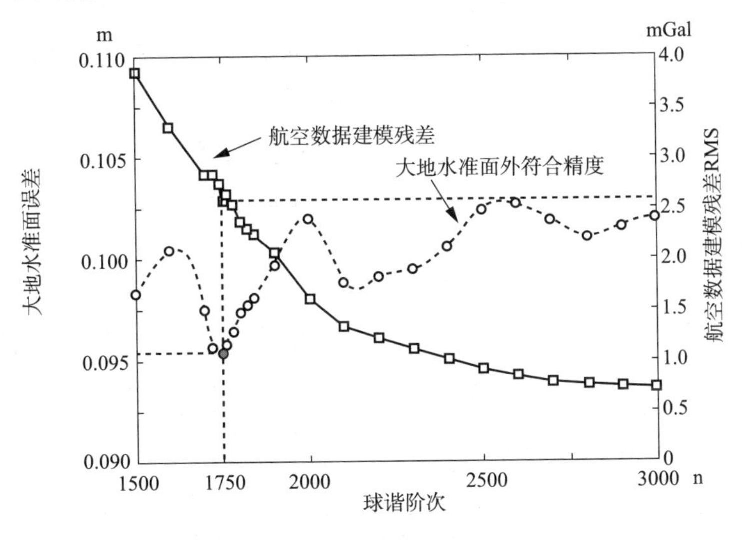


**图6-21 残差-先验精度比较分析法确定航空数据最佳阶次**

航空扰动建模残差随着建模阶次的增大而不断减小，而其对应的大地水准面精度则不如此，这可能与航空重力扰动的带限性质有关。尽管展开阶次的升高提高了恢复信号与原始信号的符合程度，但可能因为拟合了过多的观测噪声造成过度拟合现象，使大地水准面精度不升反降。另外，依据 NGS 给出的估算分辨率公式(6.11)，航空重力数据对应的球谐阶次在 2000 阶左右，而本书探查的航空重力数据最佳球谐阶次为 1750 阶，按这两个阶次计算的拟合后大地水准面外符合精度分别为±0.096m 和±0.103m (见图 6-21)，两者偏差达±0.007m。可见，径向基函数展开阶次的不同对融合建模的质量有一定影响，在高精度重力场建模时应予以考虑。

### 6.3.7 精度比较

本书主要采用径向基函数方法建模，将构建的最佳重力场模型称为 CBFM2020(Combined Basis Function Model 2020)。为了进一步说明采取的融合手段的有效性，将未进行航线系统偏差改正的融合模型 BFM-1 和非最佳航空重力数据融合阶次模型 BFM-2 及仅有地面重力数据参与的单独基函数模型 BFM-3 分别与 CBFM2020 进行了对比。另外，在移去-恢复过程使用了 GO_CONS_GCF_2_DIR_R6 模型的前 200 阶作为背景场，为了说明该背景场对融合模型精度是否有提升效果，选取 EGM2008 模型的前 200 阶作为新的背景场，其余条件和 CBFM2020 完全一样，进行建模，作为 BFM-4。EGM2008 是目前国际公认的高阶地球重力场模型，而 USGG2012 是美国迄今为止发布的精度最高的重力大地水准面模型，整体精度较高，因此本书也将 EGM2008、USGG2012 做了比较，比较结果见表 6-13。

**表 6-13 重力场模型大地水准面高与 GPS/水准点大地水准面高的直接比较**

单位：m

| 模型 | Max | Min | Mean | STD | RMS |
|---|---|---|---|---|---|
| CBFM2020($n_{ter}=6000$，$n_{air}=1750$ 背景场：DIR_R6 前 200 阶) | 0.015 | −0.149 | −0.093 | ±0.031 | ±0.096 |
| BFM-1(含航线系统偏差) | −0.008 | −0.238 | −0.104 | ±0.051 | ±0.115 |

续表

| 模型 | Max | Min | Mean | STD | RMS |
| --- | --- | --- | --- | --- | --- |
| BFM-2( $n_{ter}$ =6000， $n_{air}$ =2000) | 0.010 | −0.185 | −0.097 | ±0.037 | ±0.103 |
| BFM-3( $n_{ter}$ =6000，仅含地面重力) | 0.014 | −0.193 | −0.095 | ±0.042 | ±0.109 |
| BFM-4( $n_{ter}$ =6000， $n_{air}$ =1750 背景场：EGM2008 前 200 阶) | 0.018 | −0.153 | −0.094 | ±0.034 | ±0.098 |
| EGM2008 | 0.012 | −0.204 | −0.092 | ±0.044 | ±0.108 |
| USGG2012 | 0.026 | −0.167 | −0.094 | ±0.040 | ±0.104 |

从表 6-13 可以看到，不进行航线系统偏差校正的模型大地水准面误差最大(BFM-1)，均方根误差可达到±0.115m。而若进行了航线系统偏差校正，即使航空数据展开阶次不太恰当，如 BFM-2，其模型的大地水准面精度也比 BFM-1 模型精度要高，为±0.103m。可见，航空重力系统偏差比其融合建模时级数展开阶次的影响更大。另外，对比 BFM-2 模型和 CBFM2020 模型，若航空数据径向基函数展开阶次不当，最大可导致约±0.007m 的建模误差，这对于高精度大地水准面的建模目标来说是不容忽视的。BFM-3 为仅使用地面重力数据建立的单独模型，相对 CBFM2020 融合前后大地水准面均方根误差从表 6-13 的±0.109m 降低为±0.096m，表明航空数据的加入有效提高了重力场建模精度。BFM-4 的背景场与 CBFM2020 不同，从表 6-13 可以看到，当背景场替换为 EGM2008 后，BFM-4 模型均方根误差为±0.098m，较最优模型精度降低了约±0.002m，这反映了背景场模型 GO_CONS_GCF_2_DIR_R6的加入对融合模型精度的改善也起了积极的推动作用。从 EGM2008、USGG2012 模型与 GPS/水准比较的结果来看，CBFM2020 大地水准面均方根误差较 EGM2008 和 USGG2012 分别提高±0.012m 和±0.008m，除去背景场 DIR_R6 的±0.002m 贡献，CBFM2020 仍然分别有约±0.010m 和±0.006m的精度提高，背景场对最终模型相对于 EGM2008 和 USGG2012 的精度改善比重分别占到 16.7%和

25%。可见，背景场对最终模型的精度影响不可忽视但影响作用有限。究其原因，可能是重力场模型精度受数据源、长波和短波移去-恢复、融合算法等多种因素的制约，而对于本文建模区域所在的高山区，地形起伏、数据本身质量及融合方法的影响可能更严重。值得注意的是，CBFM2020 大地水准面均方根误差较 EGM2008 和 USGG2012 分别提高±0.012m 和±0.008m，GPS/水准控制数据精度水平与精度的提升水平接近，这种情况是可能的。因为，利用高精度的 GPS/水准去评估比自身精度低 300%及以上的模型数据，在一定程度上是能说明问题的，该方法也是目前广泛采用的大地水准面精度检验手段之一。相反，若 GPS/水准和模型的精度相当甚至比模型精度更差，则最终的结果有待进一步检测。

各重力场模型与 GPS/水准点大地水准面高差异的分布情况如图 6-22 所示。为了更加清晰地展现径向基函数建模误差的分布情况，对各重力场模型大地水准面差异进行了去均值处理。

图 6-22 中，BFM-1 未进行航线系统偏差校正，大地水准面偏差分布较分散，较大偏差主要分布于东部高原地形区域。而 BFM-2 进行了航线系统偏差校正，但由于航空数据径向基函数展开阶次不恰当(2000 阶)，误差分布较 CBFM2020 要大。BFM-3 仅使用地面重力数据建立，与之相比，CBFM2020 大地水准面精度在中部圣路易斯山谷和西部山区均有所提高，尤其是西部山区，误差绝度值最大降低约 0.044m(见表 6-13)，说明航空重力数据的加入有效地弥补了地面重力数据建模的不足，也侧面验证了本书提出的残差-先验精度比较分析法的可行性。BFM-4 采用 200 阶的 EGM2008 背景场建模得到，其误差分布较 EGM2008 模型相对均匀，但比 CBFM2020 要大，尤其在西部和东部的部分地区。EGM2008 与 USGG2012 的大地水准面误差分布相似，都是西部地区误差较大、东部地区误差较小；与 CBFM2020 相比，前两者的误差分布不够均匀，且误差绝对值在

绝大部分地区也较 CBFM2020 大，这也与表 6-13 中的误差统计结果相一致。

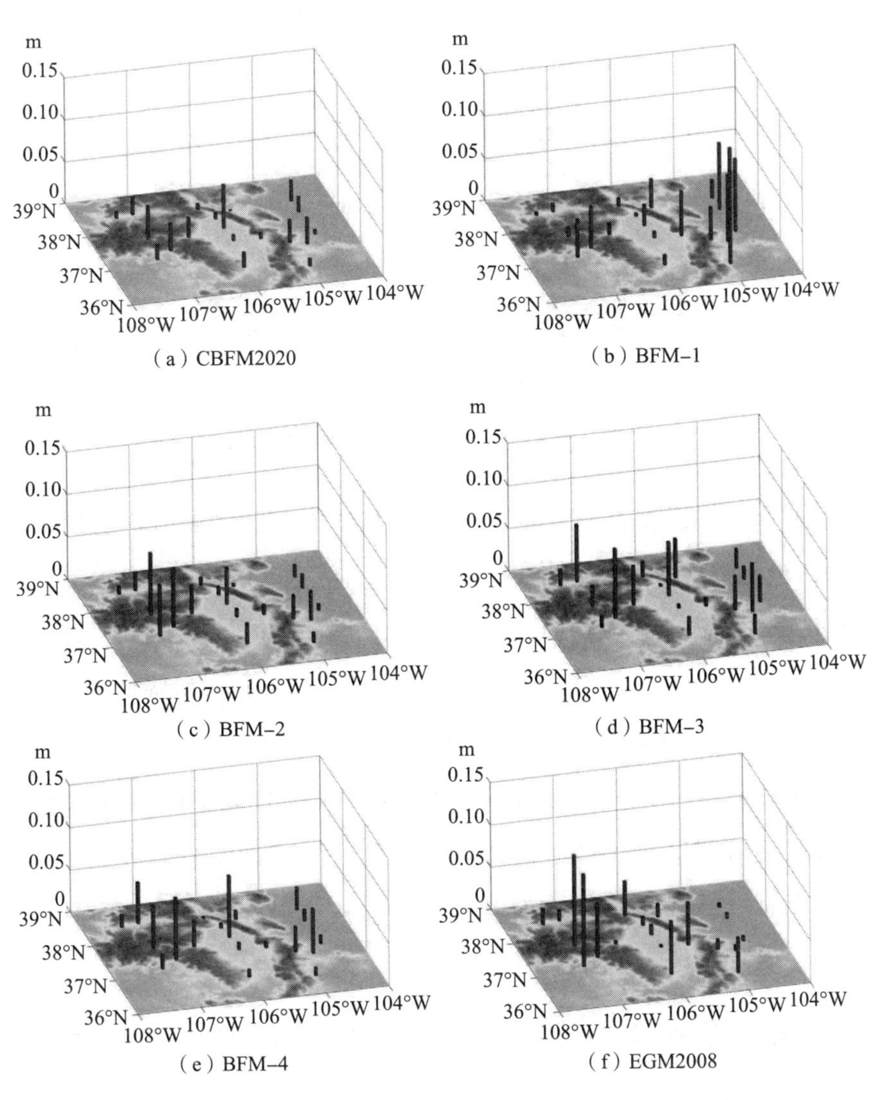


（a）CBFM2020　（b）BFM-1

（c）BFM-2　（d）BFM-3

（e）BFM-4　（f）EGM2008

**图 6-22　重力场模型大地水准面高与 GPS/水准点大地水准面高的差异分布(去均值)**

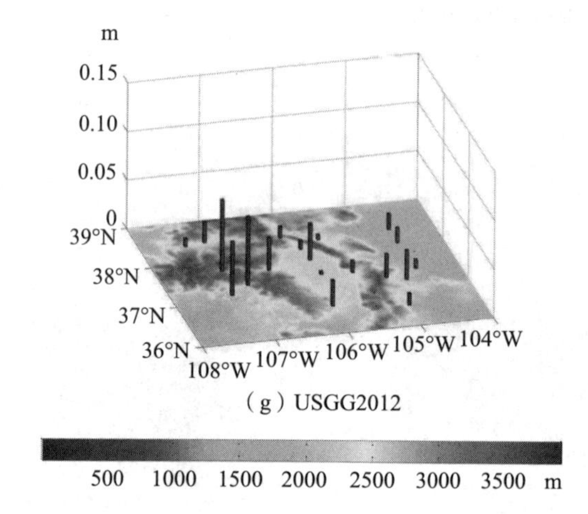

(g) USGG2012

图 6-22 重力场模型大地水准面高与 GPS/水准点大地水准面高的差异分布(去均值)(续)

总的来说，误差最小的融合地面重力异常和航空重力扰动得到的CBFM2020 地球重力场模型[见图 6-22(a)]，大地水准面的外符合精度约为±0.096m，标准差约为±0.031m，误差绝对值分布均匀，且在西部高山区的大地水准面误差较 EGM2008、USGG2012 等模型均有所降低，这归因于航空重力数据 GRAV-D、GOCE 梯度数据的加入和本文恰当的融合方法。另外，在图 6-22(b)不进行航线偏差改正时，大地水准面在西部高山区的精度略优于 CBFM2020 模型，这可能是由于本书的航线系统偏差改正方案不是最优的，将在后续工作中做进一步研究。

## 6.4 融合多源重力数据精化复杂山区大地水准面

高精度的大地水准面历来是大地测量学家研究的重点问题，而由于复杂山区地形起伏较大、重力数据采集困难等，这些地区的大地水准面精度往往较差。本书以美国西部山区为例，对精化复杂区域大地水准面的方法做了详细比较讨论。

本书选取美国西部地区约5°×5°的研究区域(38°N~43°N、-125°W~-120°W)为研究对象，如图6-23所示。该地区地形复杂，覆盖加利福尼亚州北部和俄勒冈州南部的部分沿海区域。区域北边是密集的森林山区，东边是内华达山脉，西接太平洋，区域最高海拔达4000m。沿海多山，海岸山脉的宽度为30~60km，这些山脉是由北美大陆板块同北太平洋板块互相挤压隆起形成。海岸山脉和内华达山脉中间为一条南北向的中央峡谷，长达450km，是加利福尼亚州水果、蔬菜、粮食、乳、蛋、牛、鸡的主要产地。

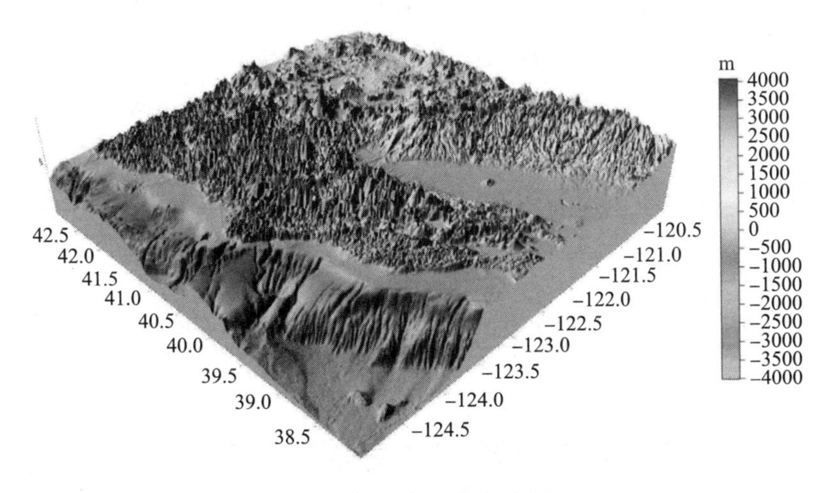


**图6-23 研究区域地形分布**

## 6.4.1 数据准备与预处理

(1)地面重力异常数据

本书下载了美国区域地理空间服务中心(Regional Geospatial Service Center)提供的30280个离散地面重力异常数据。这些数据的平面坐标参考NAD83国家基准(GRS80椭球)；高程为正高系统，参考标准是北美高程基准NAVD88(见表6-14)。由于NAVD88基准被验证在全球大地水准面之下约72cm，在进行数据筛选和剔除粗差之前，首先，对地面重力数据进行了高程改正；其次，对数据分布不均匀和存在冗余数据的情况进行了处理，在剔除数据重复点的同时在1′的格网范围内对重力值和高程进行了局部平均；最后，针对高山区可能存在较大粗差的问题，采用迭代法对大于2倍标准差的数据进行剔除，然后共得到地面重力异常数据14200个，如图6-24所示。从图6-24中可以看到，预处理后的地面重力异常数据介于-100~190mGal，分辨率介于1′~20′，其中，在西部沿海和东北部山脉区域数据分布较为稀疏，而中央峡谷一带重力数据分布相对较密。Jarir Saleh等(2012)对NGS地面重力数据的精度进行了深入探讨，其结论是重力异常长波误差(2~120阶)在亚毫伽级别，而在短波误差达到±2.2mGal。因此，综合上述长短波误差大小，预估地面重力异常的精度为±2.2mGal。

**表6-14　各类重力数据的参考基准**

| 数据类型 | 平面基准 | 高程基准 |
| --- | --- | --- |
| GPS/水准 | WGS84 | 水准高程：NAVD88<br>椭球高：NAD83 |
| 航空重力 | WGS84 | 椭球高：WGS84 |
| 地面重力 | NAD83(GRS80) | NAVD88 |
| SRTM30 | WGS84 | EGM96大地水准面 |

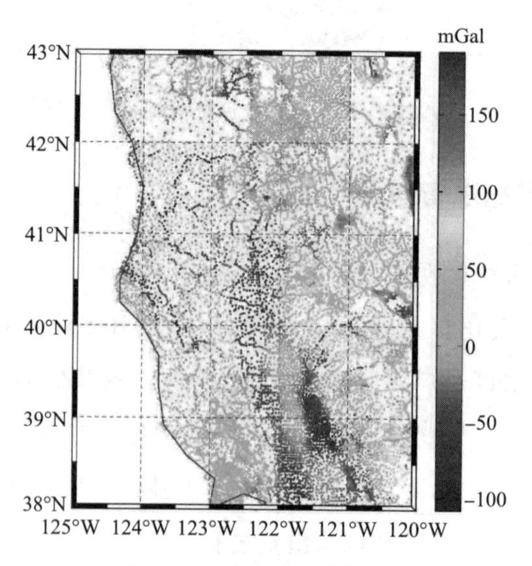


**图6-24　地面重力异常数据分布**

(2)航空重力数据

2011 年 1—2 月，利用搭载有多台高精度重力仪和 GPS 设备的 Pilatus PC-12 型号飞机，该地区进行了为期 53 天的航空重力测量任务(GRAV-D)，数据代号为 PN01。此次航空测量的名义飞行海拔为 20000 英尺(6317m)，平均飞行速度为 250 节(115.69m/s)，本次飞行任务航空测线的分布情况如图 6-25(a)所示。

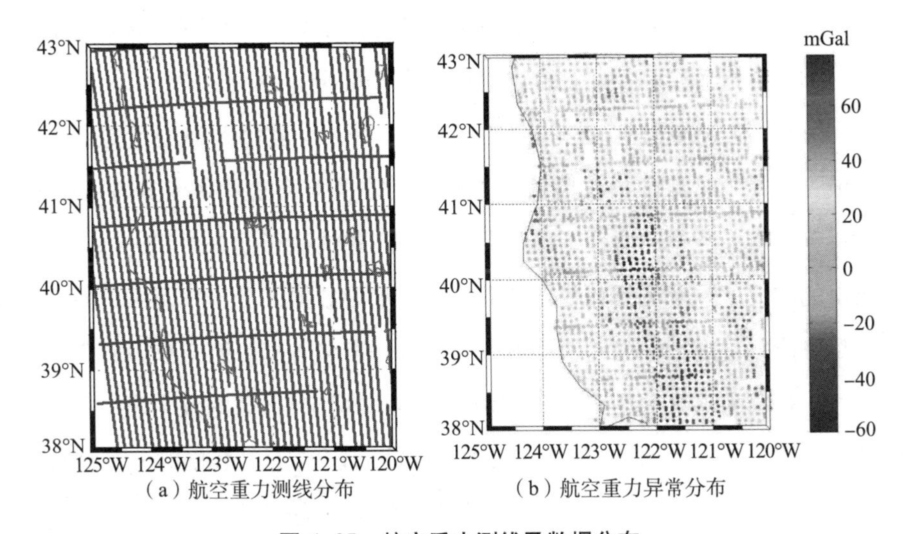

(a) 航空重力测线分布　　(b) 航空重力异常分布

**图 6-25　航空重力测线及数据分布**

从图 6-25 可以看到，PN01 数据主测线大致呈南北走向，共计 45 条，平均线距为 10km；交叉测线为东西方向，共 7 条，平均线距为 80km。两种测线共得到交叉点 267 个。该地区测线分布比较均匀，恰好覆盖了整个研究区域，为地面重力异常提供了重要的数据补充。

NGS 对航空数据进行了预处理：对 GPS 动态三维坐标进行了校准，校准之后的水平和垂直精度分别达到 ±0.013m 和 ±0.014m(ITRF 框架和 WGS84 椭球)；对重力数据进行了 3 次 120s(6σ)的高斯低通滤波，通过 267 个交叉点的误差分析，最终得到的重力数据精度(RMS 误差)为±2.76mGal。

航空重力数据的分辨率受飞行高度、飞行速度、航距等多种因素的影响，尽管采样频率可达1Hz，但实际分辨率远远达不到。影响航空数据分辨率的主要因素是飞行高度，其与地面上最小可分辨特征的波长存在如下函数关系(Childers et al.，1999)

$$\lambda_f = 4w_{1/2} \approx 3.08z_c \tag{6.14}$$

式中，$\lambda_f$ 为最小可分辨傅里叶波长，$w_{1/2}$ 为地物特征点振幅衰减一半时对应的半宽，$z_c$ 为测量点与其正下方地形点之间的距离。

PN01数据采集时飞机距离地面的实际高度为3000～6000m，则按式(6.9)可得飞行高度影响下的航空重力数据的分辨率为4.6～9.2km(半波长)。另外，航空数据的分辨率还与滤波尺度有关。虽然NGS已经进行了低通滤波，但是为了保证长波信息不受损害，数据中仍然残存许多高频噪声，非常不利于重力数据的向下延拓。解决这一问题的途径便是对其进行一次更深层次的滤波。顾及飞行高度影响下的航空重力数据的分辨率范围，并力求得到尽可能多且高频噪声较少的重力场信号，本次研究对航空重力异常再次进行截止频率为0.0064$H_Z$(5′)的FIR(有限冲击响应)低通滤波，最终共计得到陆地区域2428个航空重力异常数据。滤波后航空重力数据的分布情况如图6-25(b)所示。滤波后的航空重力数据保守估计为±2.5mGal。

(3)GPS/水准

大地水准面质量的评估通常是利用高精度的检核数据，目前最常用的是GPS/水准，尽管几何大地水准面和重力大地水准面往往存在系统性偏差。从NGS网站搜集到了该地区共351个GPS/水准，这些数据的平面基准为WGS84，高程基准为NAD83(椭球高)和NAVD88(水准高)，其基准与其他重力数据基准不一致，因此只有对重力大地水准面进行拟合后才能进行比较。GPS/水准的精度主要由椭球高精度决定，对原始数据中椭球高精度大于±1cm的数据进行了剔除，最后共得到213个GPS/水准点数据，其精度均优于±1cm。另外，将这些GPS/水准随机地分为两部分，一部分(124个)用于GPS/水准拟合，另一部分(89个)用于检核拟合后大地水准面精度，由GPS/水准计算的离散点大地水准面的分布情况如图6-26所示。

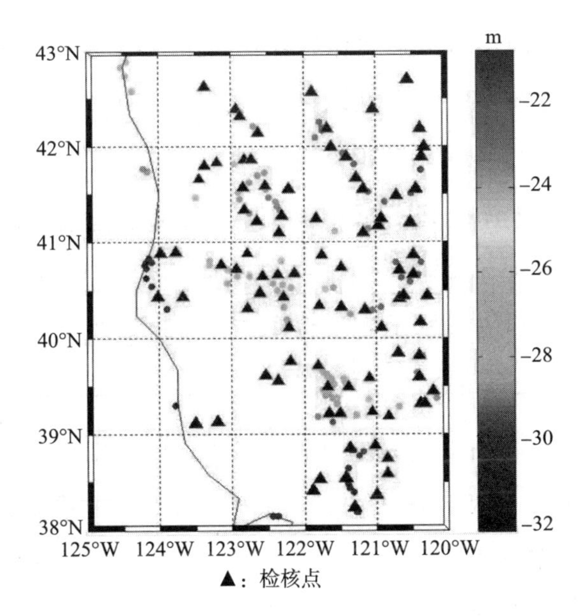


图 6-26　GPS/水准

(4)SRTM 地形数据

为了得到 1′×1′的精化大地水准面数值模型，地面重力异常和航空重力异常的数据总量与分辨率都远不能满足要求，因此必须对地面重力异常数据进行插值或填补。Hirt 等(2014)指出，基于 2160 阶的 EGM2008 重力场模型数据，在短波部分利用 SRTM 与 DTM2006 的残余地形影响(RTM)进行填补，可以显著改善重力场数据的精度和分辨率。因此，本书主要基于此种方法对重力数据进行补充。

SRTM3 是迄今为止分辨率最高、精度最好、现势性最强的全球性数字地形数据，其标称绝对高程精度可达±16m，标称平面精度约为±20m，参考基准分别为 EGM96 大地水准面和 WGS84 坐标系(见表 6-14)(陈俊勇，2005)。但 SRTM 也存在部分劣势：一方面，由于其测量的是地物的顶部高程(如树顶、房顶等)，与实际地形高程相比较可能存在系统性偏差；另一方面，由于雷达回波在高山区、峡谷和部分水域的质量不好，SRTM 在这些地区的精度也相对较差。因此，在数据填补之前，有必要对该地区 SRTM 数据的质量进行重新评估。

目前，有两类数据的高程可作为参考标准，一种是GPS/水准，另一种是地面重力数据的高程。在基准统一的基础上，SRTM与GPS/水准高程和地面重力数据高程比较的结果如表6-15所示。

**表6-15　SRTM30与GPS/水准高程和地面重力数据高程的差异**

| | Max(m) | Min(m) | Mean(m) | STD(m) | RMS(m) | <10m(%) | <20m(%) | <30m(%) |
|---|---|---|---|---|---|---|---|---|
| $h_{gpslv}-h_{srtm}$ | 82.2 | -137.6 | -8.40 | ±26.3 | ±27.6 | 61.0 | 76.5 | 84.5 |
| $h_{ter}-h_{srtm}$ | 504.1 | -829.1 | -4.13 | ±48.9 | ±49.1 | 44.7 | 60.2 | 69.6 |

表6-15中，SRTM30与GPS/水准的RMS约为±27.6m，地面重力数据RMS达到±49.1m，且两者分别存在-8.40m和-4.13m的系统偏差。一方面，这说明SRTM数据的精度确实较差，在±20m之外。另一方面。从地面数据与SRTM的较大RMS差异，按SRTM精度为±27.6m计算，可得地面重力数据的高程精度约为±40.6m，反映出地面重力高程数据的质量甚至比SRTM还差，但实际情况并非如此。原因有两个。①虽然GPS/水准高程数据测量精度/较高，但不排除由于不同时代参考椭球和基准的差异，存在系统性偏差。另外，GPS/水准量只有213个，很难代表其他绝大部分高程数据的整体精度。②地面重力数据的高程无论是实测数据，还是利用高程模型插值而得，其整体精度不应比SRTM差，否则高精度的重力数据便失去了意义。

为了探究究竟是GPS/水准存在系统偏差，还是地面重力数据本身具有较大误差，以GPS/水准和地面重力数据的高程为标准，对SRTM数据进行一次多项式拟合(去趋势项)，并统计了拟合后高程之间的差异及绝对值小于10m、20m、30m所占的百分比，如表6-16、表6-17所示。

**表6-16　经GPS/水准拟合后的SRTM30与GPS/水准和地面重力数据的差异**

| | Max(m) | Min(m) | Mean(m) | STD(m) | RMS(m) | <10m(%) | <20m(%) | <30m(%) |
|---|---|---|---|---|---|---|---|---|
| $h_{gpslv}-h_{srtm\_fit\_to\_gps}$ | 17.1 | -16.9 | -0.04 | ±3.2 | ±3.2 | 96.9 | 100.00 | 100.00 |
| $h_{ter}-h_{srtm\_fit\_to\_gps}$ | 511.3 | -821.7 | 5.95 | ±53.4 | ±53.7 | 45.0 | 61.8 | 70.3 |

表 6-17　经地面重力高程拟合后的 SRTM30 与 GPS/水准和地面重力数据的差异

| | Max(m) | Min(m) | Mean(m) | STD(m) | RMS(m) | <10m(%) | <20m(%) | <30m(%) |
|---|---|---|---|---|---|---|---|---|
| $h_{gpslv}-h_{srtm\_fit\_to\_ter}$ | 102.3 | -129.6 | 2.20 | ±23.6 | ±23.7 | 62.4 | 77.5 | 86.5 |
| $h_{ter}-h_{srtm\_fit\_to\_ter}$ | 274.0 | -370.6 | -0.36 | ±23.4 | ±23.4 | 62.4 | 78.9 | 87.6 |

从表 6-16 可以看到，用 GPS/水准拟合 SRTM 数据后，两者的 RMS 差异确实变得很小(±3.2m)，但重力数据与 SRTM 的差异达到±53.7m。如果 GPS/水准高程绝对可靠，拟合后 SRTM 数据精度应该得到提高，那么其和地面高程数据的 RMS 应该会减小而不是增大。而表 6-17 中，利用地面重力高程数据拟合后的 SRTM 无论是与地面数据还是 GPS/水准的差异都较表 6-15对应值要小，而且 RMS 值比较接近，约为±23.5m，这证明了地面重力高程数据的可靠性，也从侧面反映了 GPS/水准可能存在系统性偏差，因此本文采用经地面重力高程数据拟合后的 SRTM 作为该地区的地形数据。

(5)EGM2008 模型数据

尽管 EGM2008 模型的分辨率只有 9km 左右(2190 阶)，但由于短波 SRTM 地形数据的补充，其分辨甚至可达到 250m。虽然经重力数据拟合后的 SRTM 数据有所改善，但整体精度仍然不高(±23.5m)，且不同区域的精度有很大差别。因此，在填补数据之前，对其在不同位置上与地面重力高程数据(14200 个)的差异做了进一步分析，两者高程差绝对值小于 10m、20m、30m 的分布情况和所占百分比如图 6-27、表 6-17 所示。

结合图 6-27 和表 6-17，高程差小于±10m 和±20m 的数据分别占到了数据总量的 62.4%和 78.9%，这些点大部分集中在区域东部(122.5°W～125°W)，而在西部山区的分布则相对散乱，其中，区域的东北角和中央峡谷误差普遍小于±10m[见图 6-27(a)、6-27(b)是高程差小于 20m]。此外，绝大部分的高程差异小于±30m[见图 6-27(c)]，占数据总量的

87.6%，但在峡谷两边山脉及西北部某些区域误差可以达到±300m[见图6-27(d)]。

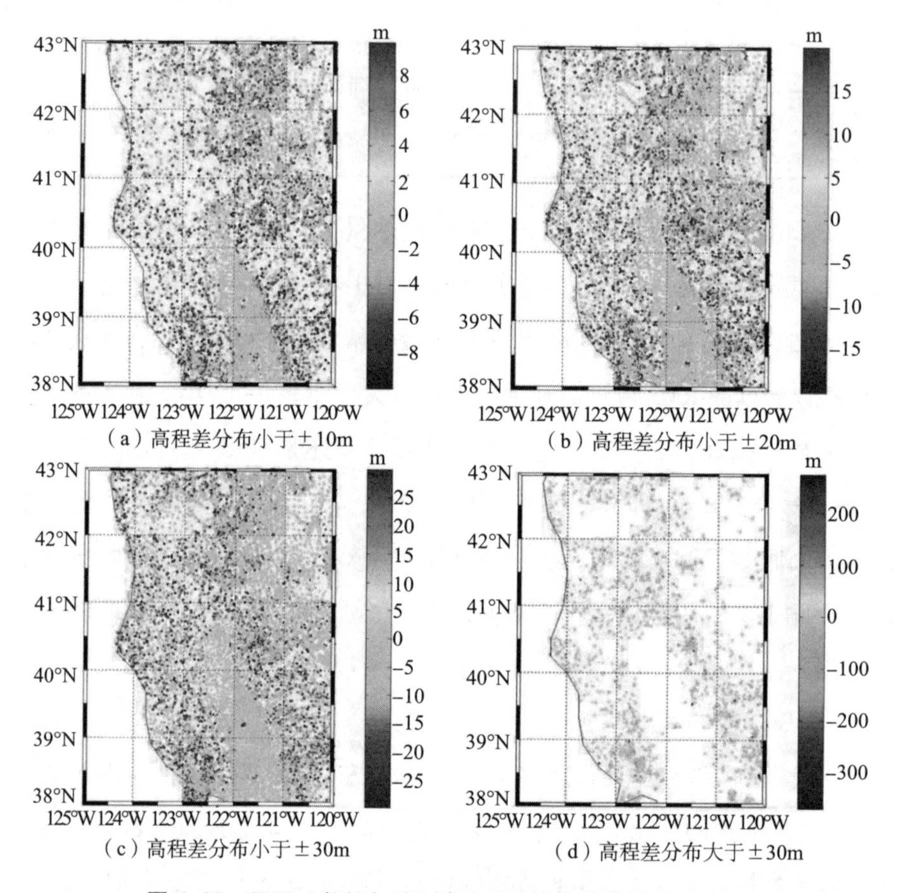


(a) 高程差分布小于±10m　(b) 高程差分布小于±20m

(c) 高程差分布小于±30m　(d) 高程差分布大于±30m

**图6-27　SRTM数据与地面重力异常高程数据的差异分布**

鉴于SRTM30插值后某些点的高程和已知高程严重不吻合，必然会引入较大误差。在实际填补数据时，对高程误差较大的区域进行了"特殊"处理：将所有与重力数据高程不符值大于20m的数据点及其周围2′的区域放弃填补，而对其他重力异常空白区按1′的间隔进行补充。这样处理之后，可以保证所有填补的高程数据误差均小于±20m，绝大部分(占80%)误差小于±10m。最终，利用EGM2008和RTM(SRTM地形与DTM2006模型)数据，得到了该地区33227个模型重力异常数据，以下称为"EGM_PLUS数据”，如图6-28(a)所示。图6-28(b)为最终的陆地重力异常数据(地面重力异常数据和EGM_PLUS数据)分布。

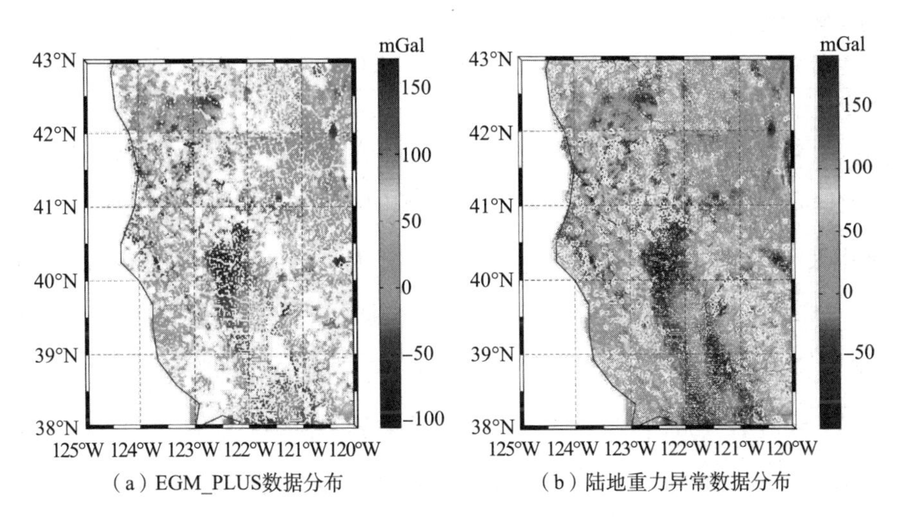


（a）EGM_PLUS数据分布　　（b）陆地重力异常数据分布

**图6-28　填补重力异常数据和总的陆地重力数据分布**

为了检验加入RTM模型影响后的EGM2008重力异常精度是否有所提高，并进一步评估EGM_PLUS的数据精度，在所有的地面重力异常点上，利用与上文相同的方法，生成了14200个EGM_PLUS重力异常数据，并与已知的重力异常值进行比较，比较结果见图6-29、表6-18。

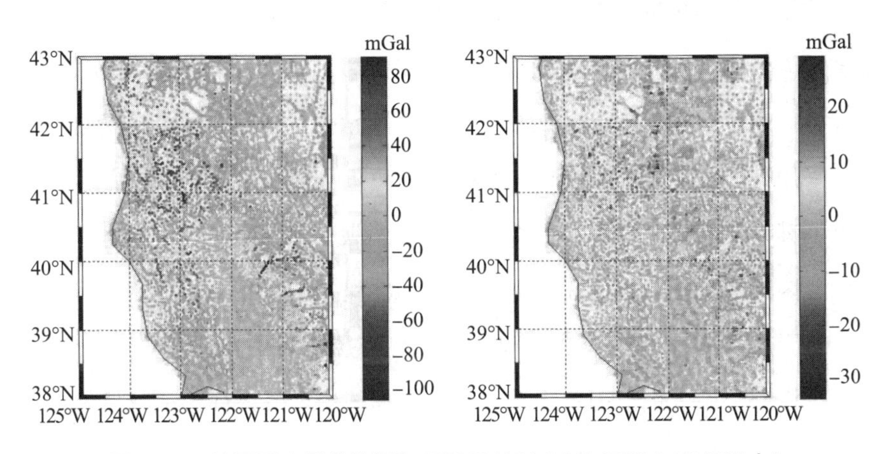


**图6-29　地面重力异常数据与EGM2008(左)和EGM_PLUS(右)重力异常数据的差异分布**

表 6-18　地面重力异常数据和 EGM_PLUS 重力异常数据比较　单位：mGal

| | Max | Min | Mean | STD | RMS |
|---|---|---|---|---|---|
| $\Delta g_{ter}-\Delta g_{egm}$ | 91. 1 | -105. 1 | -3. 5 | ±18. 3 | ±18. 6 |
| $\Delta g_{ter}-\Delta g_{egm\_plus}$ | 29. 5 | -33. 5 | 0. 5 | ±5. 5 | ±5. 5 |

图 6-29 中，在不进行 RTM 改正时，EGM2008 模型数据与地面重力异常数据有较大差异，比较明显的是西部高山区和东南部的一小块区域，差异最大绝对值高达 105. 1mGal，RMS 值为 ± 18. 6mGal，且存在均值为-3. 5mGal的系统偏差；而 EGM_ PLUS 数据与地面重力数据的差异显著减小，尤其在西部地区最明显，差异最大值、最小值分别降低为 29. 5mGal 和-33. 5mGal，RMS 值为±5. 5mGal，整体差异均值为 0. 5mGal，说明 RTM 在减小系统性偏差的同时，还有效提高了 EGM2008 模型数据的精度。若地面重力异常数据的精度按±2. 2mGal 计算，它与 EGM_ PLUS 数据差异的 RMS 值为±5. 5mGal，则利用误差传播定律可粗略得到 EGM_ PLUS 数据的精度约为±5. 0mGal。

## 6. 4. 2　融合多源数据精化局部大地水准面

为了得到高精度、高分辨率的大地水准面信息，本书主要利用两种数据融合方法——最小二乘配置法和径向基函数方法，对该地区重力数据进行解算。局部重力数据不能恢复长波重力场信息，因而在实际求解过程中必须采用移去-恢复技术，即首先扣除长波重力场模型和短波地形因素的贡献，其次对多源剩余重力数据进行融合，最后恢复长波重力场模型和短波地形因素的影响。但是，在移去-恢复过程中，重力场模型和地形数据都可能引入观测误差，如果处理不当，势必影响最终的融合效果。因此，重力场模型误差、地形因素误差和剩余数据的融合效果都必须谨慎处理。

重力场模型的误差是三者中最容易解决的一个问题。尽管重力场模型的种类繁多且精度不一，但是现有的许多重力场模型(尤其是卫星重力场模型)在低阶部分的精度已经相当高，因而总可以依据阶方差信息找到一个合适的阶次，使其引起的大地水准面累计误差足够小。依据式(2.13)计算6个重力场模型的累计大地水准面阶次误差如图6-30所示。从图6-30中可以看到，随着球谐阶次的不断增大，各模型的累计大地水准面误差变化趋势很不一致，EGM96模型和EGM2008模型总体呈先急剧增加、后趋于平稳的态势，说明这两个模型在120阶以后的一定阶次范围内误差非常小，而且EGM2008模型累计误差比EGM96模型大有改善；而其他卫星重力场模型在有限的阶次范围内都呈明显的增大趋势，其中，累计误差最小的为GO_CONS_GCF_2_DIR_R5模型(以下简称DIR_R5模型)，其在180阶的累计误差约为±0.006m，最大累计误差为±0.05m，都明显优于其他重力场模型。因此，在利用移去-恢复技术精化大地水准面的过程中，采用180阶的DIR_R5模型，减小重力场模型的传递误差。

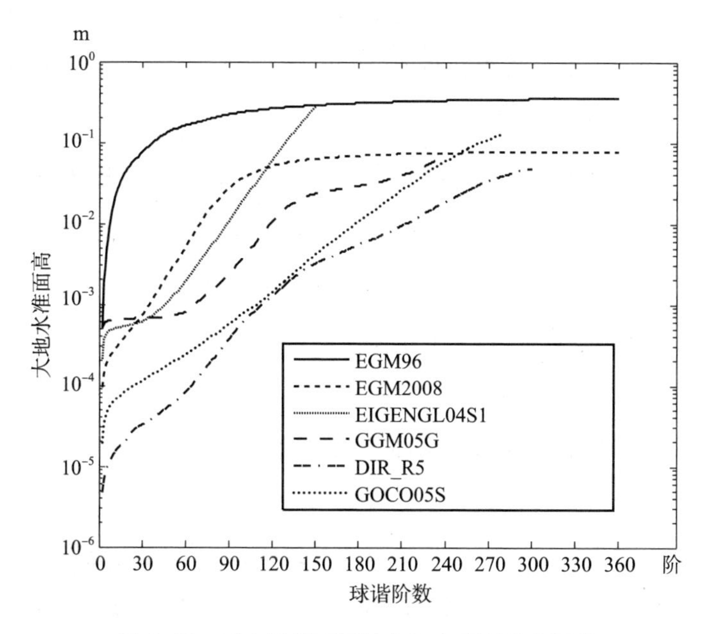


**图6-30　重力场模型累计大地水准面阶次误差**

地形因素(RTM)引起的误差比较难控制，一方面，RTM地形参考面的选取通常与移去的重力场模型阶次有关，这样做可以避免重复扣除长波重力场信息，但即便如此，还是会有少量长波信息被去除掉；另一方面，DTM 模型的精度一般不高，尽管移去其影响后，重力场数据的标准差确实明显减小，但其引起的大地水准面误差不可忽视。

另外，最小二乘配置法的应用是将观测值和待估计量看作随机信号，为了便于计算协方差函数和进行误差估计，原则上要求移去后的重力数据均值接近于零，否则所得结果将是有偏的(Forsberg and Tscherning，1981；Hwang，1989；Yi，1995；Muhammad et al.，2014)。为了尽可能满足这一要求，出于重力场模型精度的考虑，对多种纯卫星重力场模型和 RTM 影响的扣除进行了尝试，但最终都难以达到较好的零均值效果，而恰恰是利用 EGM96 和 EGM2008 等融合重力场模型可以达到上述要求。究其原因，可能是由于卫星重力场模型阶次普遍较低(300 阶左右)，而重力异常在低频部分只占少部分能量，因此扣除较低阶的重力异常对其统计信息影响不大。

鉴于以上多种因素的考虑，为了检验重力数据融合方法的优劣并得到最优的精化大地水准面效果，将实际的大地水准面求解过程分以下几个方案单独进行。

方案一，将地面重力异常数据和 EGM_PLUS 数据移去前 360 阶的 EGM2008 模型和 RTM 影响，利用最小二乘配置法求解剩余高程异常，恢复长、短波高程异常的贡献后最终转化为大地水准面。

方案二，移去-恢复过程同方案一，但剩余高程异常的求解利用径向基函数方法。

方案三，先将航空重力数据延拓至地面，并作为第三种重力数据，参与方案一的最小二乘配置过程。

方案四，类似于方案三，但数据融合过程采用径向基函数方法。

方案五，将 EGM_PLUS 异常数据移去 DIR_R5 模型的前 180 阶的贡献，不进行 RTM 影响的扣除，利用径向基函数方法求解剩余高程异常。

方案六，对航空数据移去 DIR_R5 模型的前 180 阶的贡献，不进行数据延拓，直接参与方案五的高程异常解算。

不同方案下利用剩余重力异常计算的剩余高程异常的分布情况如图 6-31所示。

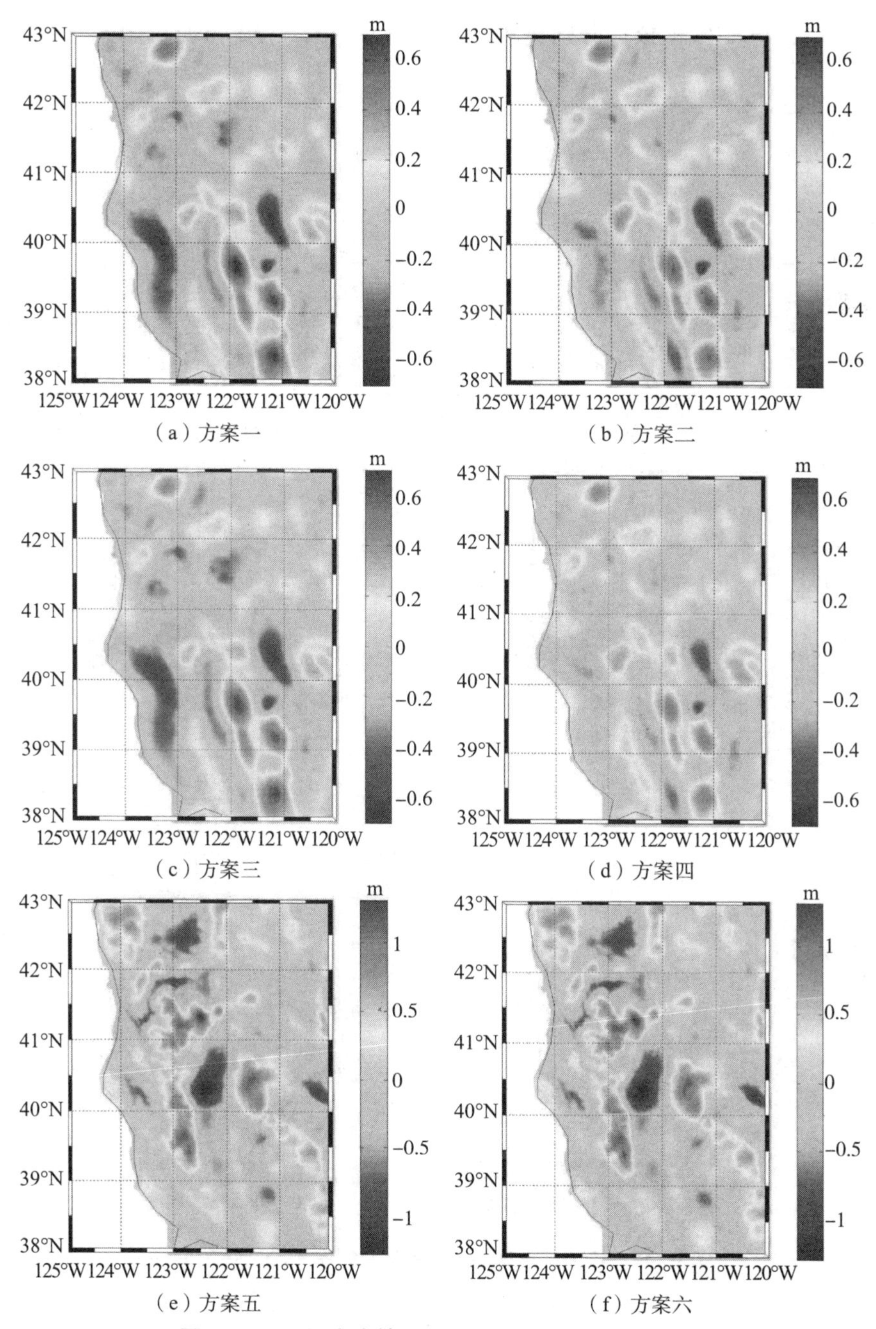


（a）方案一　（b）方案二

（c）方案三　（d）方案四

（e）方案五　（f）方案六

**图 6-31　不同方案情况下得到的剩余高程异常分布**

为了综合比较 6 种方案下解算的大地水准面精度，将剩余高程异常分别恢复为全波段下的高程异常并最终转化为大地水准面，再通过 GPS/水准拟合后，与 GPS 检核点分别比较，比较结果见图 6-32 和表 6-19。

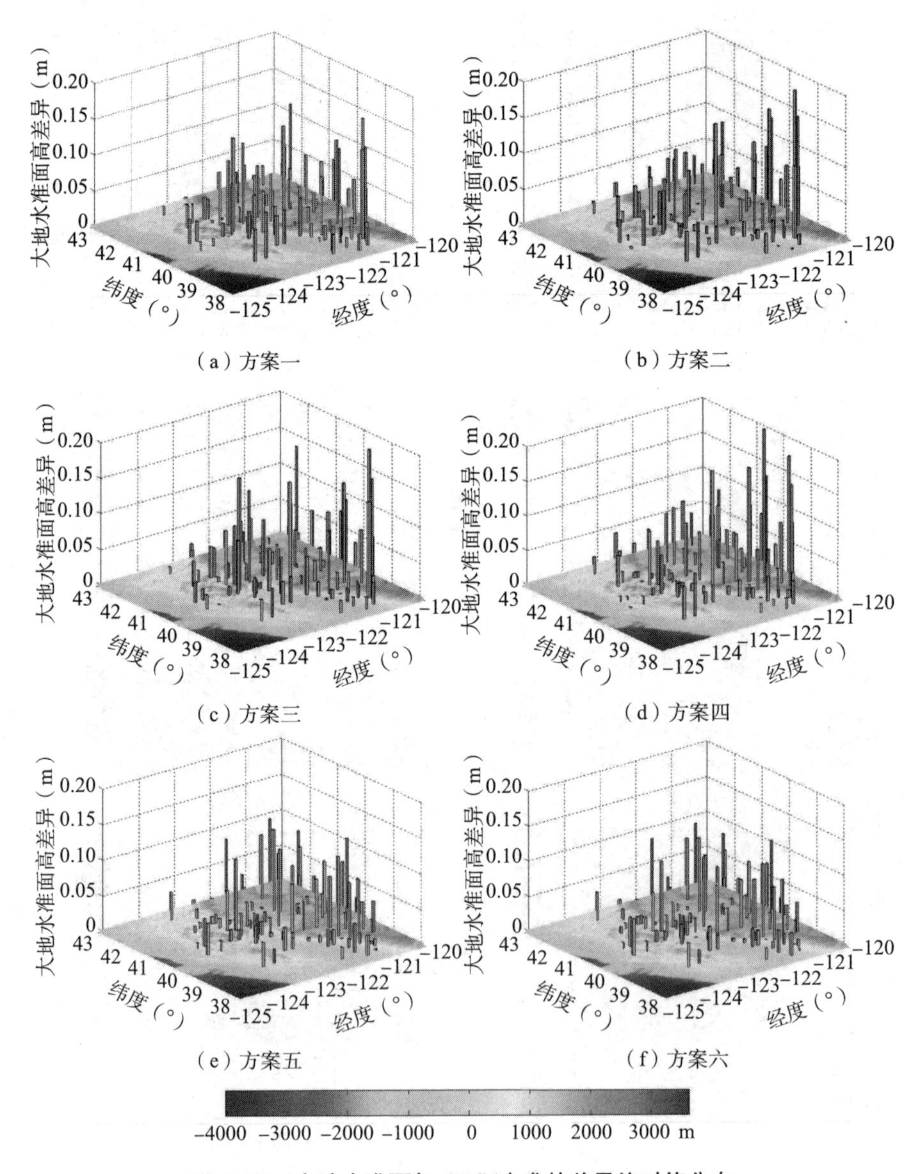


图 6-32 大地水准面与 GPS/水准的差异绝对值分布

表 6-19 不同方案下大地水准面精度差异统计 单位：m

| 方案 | Max | Min | Mean | STD | RMS |
|---|---|---|---|---|---|
| 方案一 | 0.142 | -0.152 | 0.001 | ±0.055 | ±0.055 |
| 方案二 | 0.144 | -0.190 | -0.001 | ±0.057 | ±0.057 |
| 方案三 | 0.156 | -0.191 | -0.001 | ±0.061 | ±0.061 |
| 方案四 | 0.167 | -0.221 | -0.002 | ±0.063 | ±0.062 |
| 方案五 | 0.111 | -0.116 | -0.004 | ±0.047 | ±0.047 |
| 方案六 | 0.103 | -0.115 | -0.004 | ±0.046 | ±0.046 |

图 6-32 中，方案一、方案二、方案三、方案四的分布比较相似，而与方案五和方案六却有明显不同，这与它们采用的移去-恢复过程有关。所有方案在中央峡谷的差异都较小，精度优于±0.03m，而东部地区(尤其是峡谷边缘的山脉)、西北部及中部山区的差异较大，最大值甚至超过 0.2m(方案四)。结合表 6-19，方案一至方案四的大地水准面精度分别为±0.055m、±0.057m、±0.061m 和±0.062m，精度较平原地区显著较差。方案一与方案二、方案三与方案四的移去-恢复过程完全一致，它们的差异主要在于融合方法的不同，而由于 RMS 值都非常接近，说明最小二乘配置法和径向基函数方法在融合多源数据精化大地水准面的效果相当；方案一与方案三、方案二与方案四的差异在于是否利用了航空重力数据，但遗憾的是，航空重力数据的加入没有改善大地水准面的精度，反而造成了精度降低，这主要与向下延拓后的航空重力数据质量下降有关；方案五和方案六采用只扣除低阶 DIR_R5 模型进行精化大地水准面，并且求解过程没有进行航空数据延拓，结果方案六的 RMS 值(±0.046m)稍优于方案五的对应值(±0.047m)，说明航空重力数据有效地改善了部分区域大地水准面的精度，但由于数据量过少，改善效果不太明显。6 种方案中，精度最高的是方案六，其求解的大地水准面精度达到±0.046m，分辨率为 1′×1′，为山区大地水准面的精化提供了借鉴。

## 6.5 本章小结

本章利用径向基函数理论，在融合多源重力数据的基础上，着重对以下几个问题进行研究，并得出结论。

①通过重力异常和垂线偏差分量($\xi$、$\eta$)分别单独建模和联合建模比较，融合模型的基函数系数与大地水准面信号的相关性最高，与GPS/水准比较后的精度最好，达到±0.012m，径向基函数方法可以有效融合多源重力数据并提高局部重力场模型的精度。

②对径向基函数方法和最小二乘配置法在复杂山区求定高精度、高分辨率大地水准面的适用性及效果展开讨论。6种方案下解算的大地水准面的精度比较表明：径向基函数方法和最小二乘配置法均可以应用于复杂地区的大地水准面精化，两者的精化效果相当；航空重力数据由于分辨率过低，对最终结果影响不大，但即便如此，恰当的航空重力数据使用方法对精化大地水准面也非常重要，否则可能造成精度降低。

③通过利用多源数据对美国山区大地水准面的实际解算，最终的大地水准面精度为±0.046m，分辨率达到1′×1′，可以为我国复杂地区大地水准面的精化提供借鉴。

④基于420阶的XGM2016作为参考场，构建了研究区域的最佳大地水准面模型XGM420，通过与GSVS17和ISG大地水准面模型均值进行比较，差异RMS值分别达到2.2cm和2.4cm，优于其他移去阶次得到的大地水准面模型，反映出参考重力场模型移去阶次选择的重要性，可为局部地区高精度大地水准面模型的构建提供一定参考。

⑤本章构建的融合地球重力场模型的球谐阶次达到了6000阶，精度在大地水准面的层面上较USGG2012、EGM2008等模型均有所提高，融合区域位于地形起伏较大的高山区，可以为我国西部等复杂地区高精度、高分辨率重力场模型的构建提供借鉴。

# 7 总结与展望

## 7.1 主要工作与成果

本书针对世界各国高程基准现代化的迫切需求，重点研究了利用径向基函数融合多源重力数据，构建高精度、高分辨率局部化重力场模型的理论和方法，并在此基础上依次构建了3个不同区域的高精度、高分辨率大地水准面模型。本书的主要工作和成果如下。

在大量阅读文献的基础上，笔者对径向基函数格网类型、径向基函数在频率域和空间域的表现、径向基函数表示下的重力场元和基函数系数求解等理论进行了重新梳理。着重对Reuter格网分布及生成方式、Abel-Poisson径向基函数的带限和非带限形式下的表现进行了讨论。利用垂线偏差和扰动位之间的泛函关系，推导了径向基函数表示下的垂线偏差表示式。

本书详细阐述了数据自适应精化格网算法及其经验参数设置方案。针对重力数据量较大时，利用GCV准则确定精化基函数最佳带宽耗时、费力的问题，提出了基于观测数据残差的RMS准则，并用实例证明了RMS准则的优越性，显著提高了计算效率。

本书分析了各类重力数据在诸如频谱、精度、分辨率及基准方面存在的差异，为重力场建模前数据的预处理提供了重要借鉴。总结了目前流行的几种重力数据融合方法，其中，重点对最小二乘配置法和方差分量估计法的原理和适用性进行了讨论，为实际融合多源重力数据构建高精度、高分辨率重力场模型奠定了理论基础。

利用 DTU13 测高重力异常数据和 EIGEN-GL04S 模型大地水准面起伏数据，在 Abel-Poisson 径向基函数的基础上，构建了南海局部地区 2′×2′的径向基函数模型 APBF，模型的内符合精度达到±0. 80mGal。另外，融合数据后的径向基函数模型兼具了卫星数据和重力异常数据的频谱特性，不仅可以得到低阶(120 阶)的大地水准面起伏信息，还可以得到高阶(5400 阶)的大地水准面分布。通过与 EIGEN-GL04S 模型和 EGM2008 模型在同等尺度下实际比较，120 阶的大地水准面精度为±0. 066m，5400 阶的大地水准面精度约为±0. 116m。

进一步挖掘了径向基函数的频率局部化特性，在已有的离散积分多尺度分析方法的基础上，提出了重力场多尺度分析的直接解算方法。对南海局部地区高分辨率的 DTU13 重力异常数据进行了多尺度分解，并与离散积分法进行了比较讨论。结果表明，直接法比离散积分法在 5 个尺度上的泄露误差都要小，减少 39%~79%，直接法总的多尺度分析误差为±1. 12mGal，显著小于离散积分法的±4. 04mGal，直接法具有更优的效果。

对 9~128 阶全球海洋大地水准面进行了多尺度分析和重构，恢复的大地水准面信号精度达到了±0. 02m，再次表明了径向基函数较好的多尺度分析效果。对不同尺度下大地水准面异常与地球内部构造的机制进行了解释：$G_6$ 尺度大地水准面异常主要由浅层(50~101km)的地幔物质引起，分布于板块边缘，与火山热点源分布非常相似；$G_4$ 尺度的大地水准面异常与大洋中脊所在位置比较吻合，与深度层为 205~425km 的地幔对流和渗漏有关；而 $G_5$ 尺度的大地水准面分布形状比较散乱，主要由深度为 101~205km 的地幔物质引起，与火山热点和地幔对流过程都有所关联。

重点对径向基函数方法融合多源数据、构建高精度重力场模型的能力进行了比较分析。将局部化的重力异常和离散垂线偏差数据分别单独和联合构建基函数模型，详细分析了基函数模型的系数分布、相关性和建模误差，并最终在大地水准面层面上对模型精度进行了评估。融合模型基函数系数分布与剩余大地水准面信号最接近，相关系数值达到 79.2%，而其他 3 个基函数模型的这一数值分别为 71.8%、70.1%和 70.2%，侧面反映了融合基函数模型有效吸收了地面重力异常 $\Delta g$、垂线偏差南北分量 $\xi$ 和东西分量 $\eta$ 的部分重力场信息。通过与 114 个 GPS/水准检核点的实际比较，融合基函数模型的精度最终达到±0.012m，明显优于其他 3 个基函数模型得到的大地水准面精度（分别为±0.021m、±0.028m、±0.027m）。

研究了利用径向基函数方法和最小二乘配置法在复杂地区求解高精度、高分辨率大地水准面的途径。考虑到高山区、峡谷或断裂带等复杂地区的地形起伏较大，这些地区的数据采集往往非常困难，不仅数据量少而且存在 DTM 精度较差的情况。首先，在地面重力异常数据的基础上，搜集了该地区的航空重力数据（PN01）并进行了滤波处理和分辨率分析，得到了该地区分辨率约为 10km 的高精度航空重力异常数据。其次，在对 GPS/水准高程和地面重力高程在精度、数据量及可能存在的系统偏差等方面综合分析的基础上，利用地面重力高程数据将 SRTM30 进行拟合；将拟合后的 SRTM30 数据采用 RTM 方法计算短波地形影响下的重力异常，并将其加入 EGM2008 模型数据，从而生成 EGM_PLUS 数据，用于地面重力数据的填补。最后，对可能引起大地水准面误差的移去-恢复技术 3 个因素共同进行考虑，设置了 6 种不同的精化大地水准面方案，并将解算的大地水准面利用 GPS/水准进行评估。结果表明：方案六的解算效果最好，求解的大地水准面精度达到±0.046m，分辨率达到了 1′×1′，可以为我国高山区高分辨率、高精度大地水准面模型的构建提供借鉴。

## 7.2 主要创新点

①针对数据自适应精化格网算法过程中确定最佳基函数带宽比较耗时

的问题，提出了用 RMS 准则代替 GCV 准则的方法，显著提高了计算效率。

②在最小二乘配置法的基础上，提出了径向基函数多尺度分析的直接法，相比离散积分法，明显减少了多尺度分析过程中的误差。

③推导了带限型径向基函数表示下的垂线偏差表达式，并分别利用垂线偏差与重力异常数据单独建模和联合建模，构建了局部地区高精度的径向基函数重力场模型并进行了精度比较，证明了径向基函数融合建模方法的优越性。

④对复杂地区高精度、高分辨率大地水准面的确定进行了尝试，在综合考虑重力场模型误差、地形高程误差和多源重力数据融合误差等的基础上，利用地面重力、航空重力、EGM2008 和 SRTM30 地形数据，采用最小二乘配置法和径向基函数方法，在 6 种方案下对精化过程进行讨论，得到了该地区精度为±0. 046m，分辨率为 1′×1′的大地水准面数据。

⑤利用 DTU13 重力异常和 EIGEN-GL04S 模型大地水准面起伏数据，得到了南海局部区域高分辨率的径向基函数重力场试验模型。

## 7.3 下一步工作与展望

高精度、高分辨率地球重力场模型的构建是物理大地测量的核心任务，其涉及内容广泛，始终是一个理论与应用并重的研究课题。近几年来，径向基函数建模理论虽然发展迅猛，但是仍有一些难题值得进一步研究，所以今后的工作安排重点放在以下几个方面。

(1)探索更加可靠的正则化算法

径向基函数系数的最小二乘求解往往是一个病态性问题，即使是在观测噪声很小的情况下。因此，寻找恰当的正则化方法至关重要。这里的“恰当”不仅是指径向基函数系数在数学上的正确性，更重要的是保证其在物理意义上要符合逻辑。因为，确实存在这样的情况：所解得的系数分布与输入数据分布毫无关系，甚至径向基函数系数中存在明显的突变噪声等。在这些情况下，径向基函数模型计算的重力场量很可能是错误的。虽然方差分量估计法可以在定权的同时一并对其进行正则化，但这并不代表是最优的选择。事实上，如果观测权重能够确定，正则化方案可以有多种选择，如吉洪诺夫正则化、截断奇异值法等。因此，下一步工作重点之一就是研究正则化方法。

(2)尝试提出改进的多源重力数据融合方法

融合多源重力数据的难点还在于观测值权重的确定。虽然无论是方差分量估计法，还是最小二乘配置法，抑或是谱融合、多尺度融合方法等都会根据数据精度估算出最佳的观测值权重，但在许多情况下，观测值的精度往往难以准确知道。另外，由于数据采集时观测条件各不相同，即使同种数据的观测精度也可能有较大的差别，仅对同种数据估算单一的精度是不合适的。因此，探索新的可以较好估计各个观测值权重的算法也是后续工作的重点。

(3)精密地形处理的研究

目前，普遍认为地形处理对于高分辨率地球重力场模型的构建至关重要，事实上地形高程不准确性带来的影响也不可忽视。另外，高分辨率、大倾角的地形改正会出现误差放大现象，高精度、高分辨率的地形改正算法以及对模型构建造成的误差尚缺乏准确的量化指标。尽管本书第 6 章对地形因素的影响有所涉猎，但是仍需要进一步深入研究。

(4)在径向基函数建模标准或准则上寻求深层次突破

径向基函数与球谐函数模型不同，球谐函数形式相对固定，模型建立完成后，只需要根据球谐系数和椭球相关参数就可求得球面上任意一个重力场参量。而径向基函数模型却不是如此，它的建模效果受多种因素的影响。例如，要对一个区域进行建模，至少面临以下选择。①选用何种类型的径向基函数，带限的还是非带限的？②选择哪种类型的基函数格网，其分布与数量如何确定？③基函数的最佳带宽如何抉择？另外，目前的径向基函数模型也不如球谐函数模型容易保存和共享。因此，建立一套完整的、能够简洁表示基函数模型且方便保存和共享的建模标准或流程，对高精度重力场模型的发展有重要意义。

尽管径向基函数理论尚不够完善，但其优良的局部化特性还是会受到越来越多的青睐，仍有巨大的发展空间。本书认为，径向基函数建模算法至少还可以在以下几个方面展开应用。

①利用 GRACE 或 GOCE 时变数据结合地面重力异常建立高精度、高分辨率的时变重力场径向基函数模型。尽管已有学者利用 GRACE 数据建立了静态基函数模型，但它们只是各个时间跨度内的独立模型，且模型阶次普遍较低，因此可以对径向基函数在这方面的能力进行挖掘。

②利用不同区块内的重力场先验信号对基函数模型进一步正则化，可能会得到更好的建模效果。尽管方差分量估计法可以根据重力场信息得到最佳的信噪比，却不能顾及不同区块下重力场信号的差异。例如，海面上的重力异常一般比陆地上的重力异常平滑，那么对海上和陆地信号分别施加不同的正则化因子就显得合情合理。Eicker(2008)对该方法进行了尝试，得到了良好的效果；但是，他确定的陆地和海上的正则化因子也不是最优的。因此，找到与局部区块信号更合适的正则化参数值得进一步探索。

③利用径向基函数对航空重力数据进行滤波、平差等预处理过程的同时直接构建重力场模型，也可以作为其未来应用的方向之一。随着观测技术的不断改善，航空重力数据可以在更大的范围(尤其是复杂地区)以更高的分辨率和精度轻松获得，如何处理和应用好这些数据，对重力场模型精度的提高大有裨益。

④径向基函数的一个重要发展前景是数据延拓，由于其理论基础本质上是 Bjerhammar 边值问题，其解集最终可归结为“解析延拓解”。径向基函数解析式中包含衰减因子$\left(\frac{R}{r}\right)^{n+1}$，在具有良好的先验约束信息情况下，利用本身具有滤波特性的基函数核 $k_n$，可以很好地压制重力数据中的高频噪声。因此，径向基函数方法在重力数据延拓方面的潜力也值得挖掘。

# 参考文献

[1] ABDALLA A, TENZER R. The Integral-Equation-Based Approaches for Modelling the Local Gravity Field in the Remove-Restore Scheme[M] // Earth on the Edge: Science for a Sustainable Planet. Springer Berlin Heidelberg, 2014: 283-289.

[2] ANDERSEN O B. Global ocean tides from ERS 1 and TOPEX/POSEIDON altimetry[J]. Journal of Geophysical Research Atmospheres, 1995, 100(C12): 25249-25259.

[3] BENTEL K, GERLACH C. A Closed-Loop Simulation on Regional Modelling of Gravity Changes from GRACE[M] // Earth on the Edge: Science for a Sustainable Planet. Springer Berlin Heidelberg, 2014: 89-95.

[4] BENTEL K, SCHMIDT M, GERLACH C. Different radial basis functions and their applicability for regional gravity field representation on the sphere [J]. GEM-International Journal on Geomathematics, 2013, 4(1): 67-96.

[5] BENTEL K, SCHMIDT M, ROLSYAD D C. Artifacts in regional gravity representations with spherical radial basis functions [J]. Journal of Geodetic Science, 2013, 3(3): 173-187.

[6] BOWIN C. Gravity, topography, and crustal evolution of Venus[J]. Icarus, 1983, 56(2): 345-371.

[7] BUCHA B, BEZDĚK A, SEBERA J, et al. Global and regional gravity field determination from GOCE kinematic orbit by means of spherical

radial basis functions[J]. Surveys in Geophysics, 2015, 36(6): 773-801.

[8] BUCHA B, JANÁK J. A MATLAB-based graphical user interface program for computing functionals of the geopotential up to ultra-high degrees and orders[J]. Computers & Geosciences, 2014, 66(C): 219-227.

[9] CHAMBODUT A, PANET I, MANDEA M, et al. Wavelet frames: An alternative to spherical harmonic representation of potential fields[J]. Geophysical Journal International, 2005, 163(3): 875-899.

[10] CHEN J L, WILSON C R, TAPLEY B D, et al. GRACE detectsco-seismic and postseismic deformation from the Sumatra-Andaman earthquake[J]. Geophysical Research Letters, 2007, 34(13): 173-180.

[11] CHIDERS V A, BELL R E, BROZENA J M. Airborne gravimetry: An investigation of filtering[J]. Geophysics, 1999, 64(1): 61-69.

[12] DAHO S A B, MENDAS A, FAIRHEAD J D, et al. Impact of the new GRACE Geopotential Model and SRTM data on the geoid modelling in Algeria[J]. Journal of Geodynamics, 2009, 47(2): 63-71.

[13] DILKOSKI D B. Results of the general adjustment of the North American vertical datum of 1988[J]. Surv. land Infor. sys, 1992, 52(3): 133-149.

[14] DITMAR P, KUSCHE J, KLEES R, et al. Computation of spherical harmonic coefficients from gravity gradiometry data to be acquired by the GOCE satellite: Regularization issues [J]. Journal of Geodesy, 2003, 77 (7): 465-477.

[15] DOGANALP S, SELVI H Z. Local geoid determination in strip area projects by using polynomials, least-squares collocation and radial basis functions[J]. Measurement, 2015(73): 429-438.

[16] DRISCOLL J R, HEALY D M. Computing fourier transforms and convolutions on the 2-Sphere[J]. Advances in Applied Mathematics, 1994, 15 (2): 202-250.

[17] EICKER A. Gravity field refinement by radial basis functions from in-situ satellite data[D]. Bonn：PhD thesis，Universität Bonn，2008.

[18] ELLMANN A. Computation of three stochastic modifications of Stokes's formula for regional geoid determination[J]. Computers & Geosciences，2005，31(6)：742-755.

[19] FEATHERSTONE W E. Comparison of different satellite altimeter-derived gravity anomaly grids with shipborne gravity data around Australia[J]. Tziavos I. n. gravity & Geoid Ziti Editions，2003：326-331.

[20] FEATHERSTONE W E，KIRBY J F，HIRT C，et al. The AUSGeoid09 model of the Australian Height Datum[J]. Journal of Geodesy，2011，85(3)：133-150.

[21] FECHER T，PAIL R，GRUBER T. Global gravity field modeling based on GOCE and complementary gravity data[J]. International Journal of Applied Earth Observation & Geoinformation，2015，35(35)：120-127.

[22] FEHLINGER T，FREEDEN W，MAYER C，et al. On the local multiscale determination of the Earth's disturbing potential from discrete deflections of the vertical[J]. Computational Geosciences，2008，12(4)：473-490.

[23] FORSBERG R，TSCHERNING C C. The use of height data in gravity field approximation by collocation[J]. Journal of Geophysical Research Atmospheres，1981，86(B9)：7843-7854.

[24] FORSBERG R. A new covariance model for inertialgravimetry and gradiometry[J]. Journal of Geophysical Research Solid Earth，1987，92(B2)：1305-1310.

[25] FÖRSTE C，BRUINSMA S，RUDENKO S，et al. EIGEN-6S4：A time-variable satellite-only gravity field model to d/o 300 based on LAGEOS，GRACE and GOCE data from the collaboration of GFZ Potsdam and GRGS Tou-

louse[C] // EGU General Assembly Conference. EGU General Assembly Conference Abstracts, 2015(23): 5624-5646.

[26] FREEDEN W, FEHLINGER T, KLUG M, et al. Classical globally reflected gravity field determination in modern locally oriented multiscale framework[J]. Journal of Geodesy, 2009, 83(12): 1171-1191.

[27] FREEDEN W, GERVENS T, SCHREINER M. Constructive Approximation on the Sphere[J]. 1998, 103(9): 91-118.

[28] FREEDEN W, NUTZ H, WOLF K. Time-Space Multiscale Analysis and Its Application to GRACE and Hydrology Data[M] // System Earth via Geodetic - Geophysical Space Techniques. Berlin: Springer Berlin Heidelberg, 2010: 387-397.

[29] FREEDEN W, SCHREINER M. Local multiscale modelling of geoid undulations from deflections of the vertical[J]. Journal of Geodesy, 2006, 79(10): 641-651.

[30] FREEDEN W, SCHREINER M. Multiresolution analysis by spherical up functions[J]. Constructive Approximation, 2006, 23(3): 241-259.

[31] GOLUB G H, VON MATT U. Tikhonov regularization for large scale problems[J]. Scientific Computing, 1997: 3-26.

[32] GOLUB G H, HEATH M, WAHBA G. Generalized crossvalidation as a method for choosing a good ridge parameter[J]. Technometrics, 1979, 21(2): 215-223.

[33] GRINBLATT M, HWANG C Y. Signalling and the pricing of new issues[J]. The Journal of Finance, 1989, 44(2): 393-420.

[34] HEISKANEN W A, MORITZ H. Physical geodesy[J]. Bulletin Géodésique (1946-1975), 1967, 86(1): 491-492.

[35] HILD S, GROTE H, SMITH J R, et al. Towards gravitational wave astronomy: Commissioning and characterization of geo 600[J]. Journal of Physics Con-

ference Series, 2006, 32(1): 66.

[36] HIRT C, MARTI U, BÜRKI B, et al. Assessment of EGM2008 in Europe using accurate astrogeodetic vertical deflections and omission error estimates from SRTM/DTM2006.0 residual terrain model data[J]. Journal of Geophysical Research Atmospheres, 2010, 115(B10): 196-211.

[37] HIRT C, PAPADIMITROPOULOS A, MELE V, et al. "In vitro" 3D models of tumor-immune system interaction[J]. Advanced Drug Delivery Reviews, 2014, 79-80(5): 145-154.

[38] HIRT C. Band-limited topographic mass distribution generates full-spectrum gravity field: Gravity forward modeling in the spectral and spatial domainsrevisited[J]. Journal of Geophysical Research Solid Earth, 2014, 119(4): 3646-3661.

[39] HOLSCHNEIDER M, CHAMBODUT A, MANDEA M. From global to regional analysis of the magnetic field on the sphere using wavelet frames[J]. Physics of the Earth & Planetary Interiors, 2003, 135(2-3): 107-124.

[40] HOUTSE HSU, YANG LU. The regional geopotential model in China [J]. Bolletino di geodesia e scienze affini, 1995(2).

[41] HUANG J, VÉRONNEAU M. Canadian gravimetric geoid model 2010[J]. Journal of Geodesy, 2013, 87(8): 771-790.

[42] HUTCHINSON M F. A stochastic estimator of the trace of the influence matrix for laplacian smoothing splines[J]. Communication in Statistics-Simulation and Computation, 1989, 19(19): 432-450.

[43] HWANG C, HSIAO Y S, SHIH H C. Data reduction in scalar airborne gravimetry: Theory, software and case study in Taiwan [J]. Computers & Geosciences, 2006, 32(10): 1573-1584.

[44] HWANG C, HSU H J, CHANG E T Y, et al. New free-air and bouguer gravity fields of Taiwan from multiple platforms and sensors[J]. Tectono-

physics, 2014, 611(1): 83-93.

[45] HWANG C. Inversevening meinesz formula and deflection-geoid formula: Applications to the predictions of gravity and geoid over the South China Sea[J]. Journal of Geodesy, 1998, 72(5): 304-312.

[46] HWANG C. High precision gravity anomaly and sea surface height estimations from GEOS-3/SEASAT satellite altimeter data[D]. Columbus: The Ohio State University, 1989.

[47] KELLER W. A Wavelet Approach for the Construction of Multi-Grid Solvers for Large Linear Systems[C] // Vistas for Geodesy in the New Millennium. Springer Berlin Heidelberg, 2002.

[48] KERN M, SCHWARZ KK P P, SNEEUW N. A study on the combination of satellite, airborne, and terrestrial gravity data[J]. Journal of Geodesy, 2003, 77(3): 217-225.

[49] KERN M. A Comparison of Data Weighting Methods for the Combination of Satellite and Local Gravity Data[M] // VHotine-Marussi Symposium on Mathematical Geodesy. Berlin: Springer Berlin Heidelberg, 2004: 137-144.

[50] KLEES R, TENZER R, PRUTKIN I, et al. A data-driven approach to local gravity field modelling using spherical radial basis functions[J]. Journal of Geodesy, 2008, 82(8): 457-471.

[51] KOCH K R. Parameter estimation and hypothesis testing in linear models[M]. Berlin: Springer Science & Business Media, 2013.

[52] KUSCHE J, ILK K H, RUDOLPH S, et al. Application of Spherical Wavelets for Regional Gravity Field Recovery — A Comparative Study [J] // Geodesy on the Move. Berlin: Springer Berlin Heidelberg, 1998(119): 213-218.

[53] KUSCHE J, KLEES R. Regularization of gravity field estimation from satellite gravity gradients[J]. Journal of Geodesy, 2002, 76(6): 359-368.

[54] LI J, SIDERIS M G. Marine gravity and geoid determination by optimal combination of satellite altimetry and shipborne gravimetry data[J]. Journal of Geodesy, 1997, 71(4): 209-216.

[55] LI T H. Multiscale representation and analysis of spherical data by spherical wavelets[J]. Siam Journal on Scientific Computing, 1999, 21(3): 924-953.

[56] LIEB V, SCHMIDT M, DETTMERING D, et al. Combination of various observation techniques for regional modeling of the gravity field[J]. Journal of Geophysical Research: Solid Earth, 2016, 121(5): 3825-3845.

[57] LIN M, DENKER H, MÜLLER J. Regional gravity field modeling by radially optimized point masses: Case studies with synthetic data[M]. Berlin: Springer Berlin Heidelberg, 2015.

[58] LIN M, DENKER H, MÜLLER J. Regional gravity field modeling using free-positioned point masses[J]. Studia Geophysica et Geodaetica, 2014, 58(2): 207-226.

[59] LIU X, ZHANG L G, GUO J Y, et al. On local deflections of the vertical based on EGM2008 and in situ data[J]. Applied Mechanics & Materials, 2012(170-173): 2899-2903.

[60] MARCHENKO A N, BARTHELMES F, MEYER U, et al. Regional geoid determination: An application to airborne gravity data in the Skagerrak[J]. Journal of Neurochemistry, 2001, 37(4): 998-1005.

[61] MARCHENKO A N. Parametrization of the Earth's gravity field: Point and line singularities[M]. Lviv: Lviv Astronomical and Geodetical Society, 1998.

[62] MUHAMMAD S, TAVAKOLI A, KURANT M, et al. Quantum Bidding in Bridge[J]. Physical Review X, 2014, 4(2): 021047.

[63] NARCOWICH F J, WARD J D. Nonstationary wavelets on the m-

sphere for scattered data[J]. Applied & Computational Harmonic Analysis, 1996, 3(4): 324-336.

[64] NOVÁK P, HECK B. Downward continuation and geoid determination based on band-limited airborne gravity data[J]. Journal of Geodesy, 2002, 76(5): 269-278.

[65] OPHAUG V, BREILI K, GERLACH C. A comparative assessment of coastal mean dynamic topography in Norway by geodetic and ocean approaches[J]. Journal of Geophysical Research: Oceans, 2015: 120.

[66] PAIL R, GOIGINGER H, SCHUH W, et al. Combined satellite gravity field model GOCO01S derived from GOCE and GRACE[J]. Geophysical Research Letters, 2010, 37(20): L20314.

[67] PANET I, JAMET O, DIAMENT M, et al. Modelling the Earth's gravity field using wavelet frames[M] // Gravity, Geoid and Space Missions. Berlin: Springer Berlin Heidelberg, 2005: 48-53.

[68] PAVLIS N K, HOLMES S A, KENYON S C, et al. The EGM2008 Global Gravitational Model[C] // AGU Fall Meeting. AGU Fall Meeting Abstracts, Berlin, 2008: 261-310.

[69] PITTFRANCIS J, WHITELEY J. An introduction to parallel programming using MPI[J]. An Introduction to Parallel Programming, 2012, 5(4): 361-370.

[70] POCK C, MAYER-GUERR T, KUEHTREIBER N. Consistent Combination of Satellite and Terrestrial Gravity Field Observations in Regional Geoid Modeling: A Case Study for Austria[C] // Gravity, Geoid and Height Systems. Berlin: Springer International Publishing, 2014(141): 151-156.

[71] PRESS W H. Numerical recipes in Fortran 77: The art of scientific-computing. [J]. American Journal of Physics, 1992, 1(205): 394-425.

[72] RAO C R. Representations of best linear unbiased estimators in the

Gauss-Mark off model with a singular dispersion matrix [J]. Journal of Multivariate Analysis, 1973, 3(3): 276-292.

[73] RAPP R H, YAN M W, PAVLIS N K. The Ohio State 1991 geopotential and seasurface topography harmonic coefficient models[R]. OSU repor-t No. 410, Columbus: Department of Geodetic Seience and Surveying, The Ohio State University, 1991.

[74] ROLAND M, DENKER H. Evaluation of Terrestrial Gravity Data by Independent Global Gravity Field Models [M] // Earth Observation with CHAMP. Berlin: Springer Berlin Heidelberg, 2005: 59-64.

[75] ROLAND M, DENKER H. Stokes integration versus wavelet techniques for regional geoid modelling [J]. International Association of Geodesy Symposia, 2004(128): 368-373.

[76] SADIQ M, AHMAD Z. Heterogeneous data management and modeling for the gravimetric geoid model: A review study in Pakistan[J]. Arabian Journal of Geosciences, 2015, 8(4): 2247-2263.

[77] SADIQ M. High-resolution regional gravity field model of Pakistan based on best Residual Terrain Model (RTM) of topography and interpolation techniques[J]. Arabian Journal of Geosciences, 2017, 10(11): 238-248.

[78] SALEH J, LI X, WANG Y M, et al. Error analysis of the NGS' surface gravity database[J]. Journal of Geodesy, 2013, 87(3): 203-221.

[79] SANDWELL D T, SMITH W H F. Marine gravity anomaly from Geosat and ERS 1 satellite altimetry [J]. Journal of Geophysical Research Solid Earth, 1997, 102(B5): 10039-10054.

[80] SANDWELL, DAVID T. Antarctic marine gravity field from high-density satellite altimetry [J]. Geophysical Journal International, 1992, 109 (2): 437-448.

[81] SASGEN I, MARTINEC Z, FLEMING K. Wiener optimal combina-

tion and evaluation of the Gravity Recovery and Climate Experiment (GRACE) gravity fields over Antarctica[J]. Journal of Geophysical Research Solid Earth, 2007, 112(B4): 1-10.

[82] SCHMIDT M, FABERT O, SHUM C K. On the estimation of a multi-resolution representation of the gravity field based on spherical harmonics and wavelets[J]. Journal of Geodynamics, 2005, 39(5): 512-526.

[83] SCHMIDT M, FENGLER M, MAYER-GÜRR T, et al. Regional gravity modeling in terms of spherical base functions[J]. Journal of Geodesy, 2007, 81(1): 17-38.

[84] SCHMIDT M, HAN S, KUSCHE J, et al. Regional high-resolution spatiotemporal gravity modeling from GRACE data using spherical wavelets[J]. 2006, 33(8): 2780-2785.

[85] SCHMIDT M, KUSCHE J, LOON J P V, et al. Multiresolution representation of a regional geoid from satellite and terrestrial gravity data[M] // Gravity, Geoid and Space Missions. Berlin: Springer Berlin Heidelberg, 2005: 167-172.

[86] SCHWINTZER P, REIGBER C, BODE A, et al. Long-wavelength global gravity field models: GRIM4-S4, GRIM4-C4[J]. Journal of Geodesy, 1997, 71(4): 189-208.

[87] SHAHBAZI A, SAFARI A, FOROUGHI I, et al. A numerically efficient technique of regional gravity field modeling using radial basis functions [J]. Comptes Rendus Geosciences, 2015, 348(2): 99-105.

[88] SHIH H C, HWANG C, BARRIOT J P, et al. High-resolution gravity and geoid models in Tahiti obtained from new airborne and land gravity observations: Data fusion by spectral combination [J]. Earth, Planets and Space, 2015, 67(1): 124.

[89] TAPLEY B D, CHAMBERS D P, BETTADPUR S, et al. Large

scale ocean circulation from the GRACE GGM01 Geoid [J]. Geophysical Research Letters, 2003, 30(22): 211-227.

[90] TENZER R, KLEES R. The choice of the spherical radial basis functions in local gravity field modeling[J]. Studia Geophysica et Geodaetica, 2008, 52(3): 287-304.

[91] TENZER R, PRUTKIN I, KLEES R. A comparison of different Integral-Equation-Based approaches for local gravity field modelling: Case study for the Canadian Rocky Mountains[J]. Geodesy for Planet Ecorth, 2012, 136(3): 381-388.

[92] TSCHERNING C C. Developments in the implementation and use of Least-Squares collocation[M]. Berlin: Springer Berlin Heidelberg, 2015.

[93] TSCHERNING C C. Geoid Determination by 3D Least-Squares Collocation[C] // Geoid Determination. Berlin: Springer Berlin Heidelberg, 2013.

[94] VERENALIEB, JOHANNES B. Combination of GOCE gravity gradients in regional gravity field modelling using radial basis functions[J]. International Association of Geodesy Symposia, 2015(71): 1-8.

[95] VERMEER M. FGI studies on satellite gravitygradiometry. 2[M]// Geopotential recovery at 0. 5-degree resolution from global satellite gradiometry data sets, 1990.

[96] WANG J, YU Z. A study on the formation of the gravitational model based on Point-mass method[J]. International Journal of Intelligent Systems & Applications, 2011, 3(2): 38-44.

[97] WANG Y M, SALEH J, LI X, et al. The US Gravimetric Geoid of 2009 (USGG2009): Model development and evaluation[J]. Journal of Geodesy, 2012, 86(3): 165-180.

[98] WEIGELT M, KELLER W, ANTONI M. On the comparison of radial base functions and single layer density representations in local gravity field

modelling from simulated satellite observations[J]. International Association of Geodesy Symposia, 2009(137): 199-204.

[99] WEIGHTMAN J G. Review, Le theatre francais contemporain. Surer P[J]. French Studies, 1965, 19(4): 431-431.

[100] WITTWER T B. Regional gravity field modelling with radial basis functions[D]. Delft University of Technology, 2007.

[101] XIAO Y S. Modeling Taiwan geoid using airborne, surface gravity and altimetry data: Investigations of downward/upward continuations and terrain modeling techniques[D]. 新竹：台湾交通大学，2007.

[102] YAN L, XIAO B, XIA Y, et al. The modeling and estimation of asynchronousmultirate multisensor dynamic systems[C] // IEEE. Control Conference. 2013: 4676-4681.

[103] YANG H J. Geoid determination based on a combination of terrestrial and airborne gravity data in South Korea[D]. Ohio: The Ohio state llniversity, 2014.

[104] YI. Determination of gridded mean sea surface from Topex, ERS-1, and Geosat altimeter data[R]. Rep NO434, Dep. Columbus: Geod. Sci. & Surv, Ohio State Univ, 1995.

[105] 晁定波．论高精度卫星重力场模型和厘米级区域大地水准面的确定及水文学时变重力效应[J]．测绘科学，2006，31(6)：16-18.

[106] 陈俊勇．对 SRTM3 和 GTOPO30 地形数据质量的评估[J]．武汉大学学报(信息科学版)，2005，30(11)：941-944.

[107] 程鹏飞，文汉江，成英燕，等．2000 国家大地坐标系椭球参数与 GRS80 和 WGS84 的比较[J]．测绘学报，2009，38(3)：189-194.

[108] 党亚民，章传银，陈俊勇，等．现代大地测量基准[M]．北京：测绘出版社，2015.

[109] 丁剑．高精度似大地水准面精化中的若干问题研究[D]．北京：

中国测绘科学研究院，2006.

[110] 方剑，许厚泽. 中国及邻区大地水准面异常的场源深度探讨[J]. 地球物理学报，2002，45(1)：42-48.

[111] 方剑，马宗晋，许厚泽. 地形-均衡补偿重力、大地水准面异常频谱分析[J]. 地球物理学进展，2006，21(1)：25-30.

[112] 顾勇为，归庆明，张璇，等. 大地测量与地球物理中病态性问题的正则化迭代解法[J]. 测绘学报，2014，43(4)：331-336.

[113] 郭东美，鲍李峰，许厚泽. 中国大陆厘米级大地水准面的地形影响分析[J]. 武汉大学学报(信息科学版)，2016，41(3)：342-347.

[114] 郭俊义. 物理大地测量学基础[M]. 武汉：武汉测绘科技大学出版社，1994.

[115] 海斯卡涅・W A，莫里兹・H. 高等物理大地测量学[M]. 宁津生，管泽霖，译. 北京：测绘出版社，1982.

[116] 黄金水，朱灼文. 外部扰动重力场的频谱响应质点模型[J]. 地球物理学报，1995，38(2)：182-188.

[117] 黄谟涛，欧阳永忠，翟国君，等. 海域多源重力数据融合处理的解析方法[J]. 武汉大学学报(信息科学版)，2013，38(11)：1261-1265.

[118] 黄谟涛，翟国君，欧阳永忠，等. 超高阶地球位模型的计算与分析[J]. 测绘学报，2001，30(3)：208-213.

[119] 李建成，宁津生，陈俊勇，等. 联合 TOPEX/Poseidon，ERS2 和 Geosat 卫星测高资料确定中国近海重力异常[J]. 测绘学报，2001，30(3)：197-202.

[120] 李建成，陈俊勇，宁津生，等. 地球重力场逼近理论与中国 2000 似大地水准面的确定[M]. 武汉：武汉大学出版社，2003.

[121] 李新星. 超高阶地球重力场模型的构建[D]. 郑州：解放军信息工程大学，2013.

[122] 李迎春. 利用卫星重力梯度测量数据恢复地球重力场的理论与

方法[D]. 郑州：中国人民解放军信息工程大学，2004.

[123] 陆洋，许厚泽，蒋福珍. 中国大陆超高阶局部地球重力场模型IGG97L[C] //中国地球物理学会学术年会，1997.

[124] 陆洋，许厚泽. 青藏地区大地水准面形态及其与构造动力学的关系[J]. 地球物理学报，1996，39(2)：203-210.

[125] 陆洋，许厚泽. 区域高阶重力场模型与青藏地区局部位系数模型[J]. 地球物理学报，1994，37(4)：487-497.

[126] 罗志才，陈永奇，宁津生. 地形对确定高精度局部大地水准面的影响[J]. 武汉大学学报(信息科学版)，2003，28(3)：340-344.

[127] 马志伟，陆洋，涂弋，等. 利用 Abel-Poisson 径向基函数模型化局部重力场[J]. 测绘学报，2016，45(9)：1019-1027.

[128] 宁津生，李建成，罗志才，等. 我国地球重力场研究的进展[J]. 东北测绘，2002，25(4)：6-9.

[129] 宁津生，汪海洪，罗志才. 小波分析在大地测量中的应用及其进展[J]. 武汉大学学报(信息科学版)，2004，29(8)：659-663.

[130] 宁津生，邱卫根，陶本藻. 地球重力场模型理论[D]. 武汉：武汉测绘科学大学，1990.

[131] 宁津生，王正涛，超能芳. 国际新一代卫星重力探测计划研究现状与进展[J]. 武汉大学学报(信息科学版)，2016，41(1)：1-8.

[132] 宁津生，王正涛. 地球重力场研究现状与进展[J]. 测绘地理信息，2013，38(1)：1-7.

[133] 宁津生. 跟踪世界发展动态致力地球重力场研究[J]. 武汉大学学报(信息科学版)，2001，26(6)：471-474.

[134] 宁津生. 地球重力场逼近理论研究进展[J]. 武汉测绘科技大学学报，1998，23(4)：310-313.

[135] 冉将军，许厚泽，沈云中. 新一代 GRACE 重力卫星反演地球重力场的预期精度[J]. 地球物理学报，2012，55(9)：2898-2908.

[136] 冉将军，许厚泽，钟敏，等. 利用GRACE重力卫星观测数据反演全球时变地球重力场模型[J]. 地球物理学报，2014，57(4)：1032-1040.

[137] 荣敏，周巍，陈春旺. 重力场模型EGM2008和EGM96在中国地区的比较与评价[J]. 大地测量与地球动力学，2009，29(6)：123-125.

[138] 沈云中. 应用CHAMP卫星星历精化地球重力场模型的研究[D]. 武汉：中国科学院测量与地球物理研究所，2000.

[139] 石磐，夏哲仁，孙中苗，等. 高分辨率地球重力场模型DQM99[J]. 中国工程科学，1999，1(3)：51-55.

[140] 石磐. 扰动位的综合确定[J]. 测绘学报，1984(4)：3-10.

[141] 石磐. 利用局部重力数据改进重力模型[J]. 测绘学报，1994，23(4)：276-281.

[142] 孙和平，徐建桥，黎琼. 地球重力场的精细频谱结构及其应用[J]. 地球物理学进展，2006，21(2)：345-351.

[143] 孙文，吴晓平，王庆宾，等. 基于方差分量估计的正则化配置法及其在多源重力数据融合中的应用[J]. 武汉大学学报(信息科学版)，2016，41(8)：1087-1092.

[144] 孙文科. 低轨道人造卫星(CHAMP、GRACE、GOCE)与高精度地球重力场[J]. 大地测量与地球动力学，2002，22(1)：92-100.

[145] 万晓云，于锦海. 移去恢复法在逆Stokes公式计算中的精度分析[J]. 武汉大学学报(信息科学版)，2012，37(1)：77-80.

[146] 汪汉胜，贾路路，WU PATRICK，等. 末次冰期冰盖消融对东亚历史相对海平面的影响及意义[J]. 地球物理学报，2012，55(4)：1144-1153.

[147] 王凯，张传定，吴星，等. 地形/均衡重力场模型构制及其拟稳分析[J]. 地球物理学报，2014，57(3)：760-769.

[148] 王正涛. 卫星跟踪卫星测量确定地球重力场的理论与方法[D].

武汉：武汉大学，2005.

[149] 吴星. 地球重力场调和分析方法[D]. 郑州：解放军信息工程大学，2005.

[150] 吴星. 卫星重力梯度数据处理理论与方法[D]. 郑州：解放军信息工程大学，2009.

[151] 吴怿昊，罗志才，周波阳. 基于泊松小波径向基函数融合多源数据的局部重力场建模[J]. 地球物理学报，2016，59(3)：852-864.

[152] 吴怿昊，罗志才. 联合多代卫星测高和多源重力数据的局部大地水准面精化方法[J]. 地球物理学报，2016，59(5)：1596-1607.

[153] 夏哲仁，孙中苗. 航空重力测量技术及其应用[J]. 测绘科学，2006，31(6)：43-46.

[154] 夏哲仁，石磐，李迎春. 高分辨率区域重力场模型 DQM2000[J]. 武汉大学学报(信息科学版)，2003，2(Sl)：124-127.

[155] 徐新禹，李建成，王正涛，等. Tikhonov 正则化方法在 GOCE 重力场求解中的模拟研究[J]. 测绘学报，2010，39(5)：465-470.

[156] 许厚泽，朱灼文. 地球外部重力场的虚拟单层密度表示[J]. 中国科学(B 辑)，1984(6)：575-580.

[157] 许厚泽. 关于高程系统的思考[J]. 地理空间信息，2016，14(1)：1-3.

[158] 许厚泽. 卫星重力研究：21 世纪大地测量研究的新热点[J]. 测绘科学，2001，26(3)：1-3.

[159] 于锦海，曾艳艳，朱永超，等. 超高阶次 Legendre 函数的跨阶数迭代算法[J]. 地球物理学报，2015，58(3)：748-755.

[160] 翟振和，任红飞，孙中苗. 重力异常阶方差模型的构建及在扰动场元频谱特征计算中的应用[J]. 测绘学报，2012，41(2)：159-164.

[161] 张传定. 卫星重力测量：基础、模型化方法与数据处理算法[D]. 郑州：解放军信息工程大学，2000.

[162] 张精明，闫建强，王福民．EGM2008 地球重力场模型精度分析与评价[J]．石油地球物理勘探，2010，45(增刊)：230-233.

[163] 张子占．卫星测高/重力数据同化理论、方法及应用[D]．武汉：中国科学院测量与地球物理研究所，2008.

[164] 章传银，晁定波．厘米级高程异常地形影响的算法及特征分析[J]．测绘学报，2006，35(3)：308-341.

[165] 章传银，晁定波，丁剑．球近似下地球外空间任意类型场元的地形影响[J]．测绘学报，2009，38(1)：29-34.

[166] 章传银，丁剑，晁定波．局部重力场最小二乘配置通用表示技术[J]．武汉大学学报(信息科学版)，2007，32(5)：431-434.

[167] 章传银，郭春喜，陈俊勇，等．EGM2008 地球重力场模型在中国大陆适用性分析[J]．测绘学报，2009，38(4)：283-289.

[168] 郑伟，许厚泽，钟敏，等．地球重力场模型研究进展和现状[J]．大地测量与地球动力学，2010，30(4)：83-91.

[169] 钟波．基于 GOCE 卫星重力测量技术确定地球重力场的研究[D]．武汉：武汉大学，2010.

[170] 邹贤才．卫星轨道理论与地球重力场模型的确定[D]．武汉：武汉大学，2007.

# 致 谢

六年的硕博生活一晃而过，回首往事，感慨良多。从最初的不知所措，到现在的深入理解和稍有成果，我的科研水平和人生阅历都经历了一场脱胎换骨。有起初找不到方向感时的辛酸苦楚，也有中途不断解决一个个小问题后的欣喜若狂；有长久努力后迟迟见不到研究成效的抑郁沮丧，也有煎熬等待后论文接收那一刻的激动骄傲。这些感受都是那么真实、炽烈、具体，最终都转化为我生命中弥足珍贵的一部分，让人终生难忘。

感谢我的博士生导师——陆洋研究员在科研、生活、做人等方面对我的大力帮助和支持。陆老师治学严谨，学识渊博，为人和蔼可亲，谈吐幽默风趣，他的一言一行和谆谆教诲都深深地影响了我。忘不了那多少个日日夜夜，他不辞辛苦地为我答疑解惑、传授科研经验和研究心得；也忘不了论文投稿至接收阶段，他耐心细致地指导我校对和修改论文中哪怕一个很小的细节；更忘不了我怀着焦灼的心情寻找工作却始终犹豫不定时，他及时洞察我的工作意向并提出中肯的建议。

感谢我的硕士生导师——方剑研究员对我的科研启蒙和悉心帮助。在他强有力的支持下，我先后两次得以亲身体验野外重力测量项目的具体流程，也生平第一次感受到了异国他乡的风土人情和异域文化，这些经历让我受益颇丰。

非常感谢徐建桥研究员和方老师对我博士入学考试阶段给予的关心

和帮助。

感谢史红岭老师、张子占老师，杜宗亮、涂弋、朱传东、高春春、郗慧和李言等同门师兄弟(妹)分享给我的科研心得和提出的宝贵建议，也感谢刘杰师兄、李红蕾师姐、崔荣花师姐和陈铭师弟在生活和学术方面给予我的帮助和建议。

感谢中国科学院测量与地球物理研究所提供的良好学习环境和科研条件。感谢许厚泽院士、王勇副所长、倪四道副所长、冯灿书记、刘成恕处长、任晓华处长、熊晓敏主任、熊涛老师、张垒老师、赵洪老师、梁云老师和程方升老师等领导和老师。

感谢一同赴北京学习的管栋良、王彬彬、张宇、贺前钱、张苗苗、王娜子、孙永玲、张婷、胡念念、李思思、杨萌、李慧淑、熊诚、段鹏硕、孙亚飞、杨远程、何林、张杰、王宁波、谭冰峰、高凡、邵云明等博士或硕士同志们。

感谢607办公室的蔡小波、刘杰、滑中豪、陈铭、丁磊香、张方照、李倩倩、武倩、高鹏、高铭、王生亮、李红蕾、李伟捷、张璐、王仁涛、杨军军等，以及我曾经的和现在的小伙伴。

感谢我的大学师妹卢雪盈、王亚飞、闫小霞，感谢曾经一起健身和娱乐过的滑中豪、杨超、张青、蔡小波、王彬彬、谭冰峰、郎骏建、周冲冲、陈威、钟玉龙、沈迎春、汤佳明等朋友。

感谢我的父母，感谢他们多年以来对我的殷殷期盼和辛勤养育，以及对我学业的坚决支持和不断鼓励，他们的耐心和支持成就了现在的我。

马志伟